Einbandgestaltung: Nils Fliegner
Gesamtherstellung: Verlags- und Medien AG, Köln
Printed in Austria

ISBN 978-3-414-82081-5

5 4 3 2 12 11 10 09 08

www.boje-verlag.de

Robert Griesbeck

MATHEMAtricks

Bolle, James und Hein legen ihren Mathelehrer rein

Illustriert von Nils Fliegner

Boje

„Drei schlaue Schweine müsst ihr sein,
dann legt ihr jeden Lehrer rein.
Macht es doch wie wir,
wie Bolle, James und Hein,
dann kriegt ihr alle Großen klein!"

Kampflied der Schweinebande

Schweine werden von Menschen oft unterschätzt. Aber Schweine sind nicht nur sehr sauber, sondern auch sehr schlau. Man sagt doch: »Du bist ja schweineschlau, alle Achtung!« Aber es reicht nicht, einfach nur schlau zu sein. Damit aus schlauen Ferkeln später clevere Schweine werden, die einmal als Piloten, Tierärzte oder Briefträger arbeiten, müssen sie vorher in die Schule gehen.

In die Schweineschule. Dort lernen sie alles, was man als großes Schwein wissen muss. Sie lernen drei Sprachen, Physik, Chemie und Kochen und Rugby. Und sie lernen Mathematik. Ausgerechnet bei Herrn Speckbauch. Schlimm.

Hein Schwein geht in die vierte Klasse der Schweineschule. Er ist sehr gut in Mathe und Rugby und sehr schlecht in Französisch. Dabei ist er nicht irgendein normal schlaues Schwein. Hein Schwein ist ein sehr sehr schlauer Schweinejunge, eigentlich ein geniales Schwein. Hein hat nämlich einen SQ von fast 244. SQ bedeutet »Schweinequotient« und ist sowas wie die Maßeinheit der Schläue bei Schweinen. Menschen dagegen haben nur einen IQ. Ein Schweinequotient von 244 ist gewaltig. Wäre Albert Einstein ein Schwein gewesen, hätte er auch keinen höheren SQ gehabt.

Aber Hein Schwein gibt nicht groß mit seiner Schlauheit an, nur im Matheunterricht kann er es einfach nicht lassen, seinen Lehrer, Herrn Speckbauch, zu ärgern.

James ist Heins bester Freund. Er sitzt drei Bänke hinter ihm, weil Herr Speckbauch es nicht mehr ausgehalten hat, dass die beiden jede Stunde neue Fragen aushecken, mit denen sie die Mathestunde stören. James kennt jede Menge hinterlistige Tricks und Rätsel, und er kann so unschuldig schauen, wenn er Herrn Speckbauch eine Frage stellt, dass der immer wieder darauf reinfällt.

Bolle ist der Zwillingsbruder von James. Bolle ist nicht so clever wie James, aber er ist der König der Scherzaufgaben und ein begnadeter Witzeerzähler. Zusammen sind die drei die »Schweinebande«, gefürchtet von allen Lehrern, am meisten aber von Herrn Speckbauch.

An diesem Mittwoch will Herr Speckbauch eine Matheklassenarbeit schreiben lassen. Das muss dringend verhindert werden. Nicht, weil die Schweinebande in Mathe schlecht wäre, sondern weil Anne und Susanne die Schweinebande darum gebeten haben. Anne und Susanne sind Hein Schweins Schwestern, und James und Bolle sind bis über die Schweineohren verknallt in sie. Ehrensache, dass die Schweinebande den beiden süßen Ferkeln den Gefallen tut. Außerdem wollen sie die drei zum Dank in die italienische Eisdiele »Porco Gelati« einladen ...

Kaum hat Herr Speckbauch das Klassenzimmer betreten und schwungvoll seine Mappe auf den Tisch geknallt, geht es auch schon los. Hein Schwein zieht sein Taschentuch aus der Hosentasche, und dabei fallen ein paar Münzen auf den Boden. »Schauen Sie nur, Herr Speckbauch«, sagt Hein vorwurfsvoll. »Das ist der Rest von meinem Taschengeld für diesen Monat. Schlappe drei Euro zwanzig!«

Natürlich kriegen Schweine auch Taschengeld, was dachtest du denn! Und natürlich haben sie auch Euro und Cent, denn schließlich leben sie ja mitten unter uns. Also, Hein Schweins Mathelehrer ist nicht sehr beeindruckt von den drei Euro zwanzig. Aber jetzt kommt ganz scheinheilig Heins Frage: »Können Sie die fünf Münzen so zusammenlegen, dass jede einzelne davon auch jede andere berührt?«

Der Mathelehrer, der schon genervt ist, weil ihn Hein Schwein mit solchen Fragen immer stört, schaut sich die fünf Münzen an, schüttelt dann den Kopf und sagt:

»Das geht auf keinen Fall, Hein.«

»Wetten, dass doch?«

»Ich wette nicht, Hein, aber es geht nicht.«

»Tut es doch«, sagt Hein Schwein.

Die richtige Lösung steht auf Seite 105.

Das war wohl nix«, sagt Hein Schwein und grinst. Die erste Runde ging ganz klar an die Schweinebande. Aber jetzt wird es gefährlich. Herr Speckbauch öffnet seine Mappe. Und darin stecken die Aufgabenblätter.

»Ich hab' auch noch eine Frage, Herr Speckbauch!«, ruft Bolle, denn er weiß, wenn diese todlangweiligen Textaufgaben erst ausgeteilt sind, haben die Schweine keine Chance mehr. »Es ist ein Rätsel: Mein Vater hat einen kurzen, Sie haben einen langen, Ehepaare benutzen ihn oft zusammen, ein Junggeselle hat ihn für sich allein, Madonna hat gar keinen, und der Papst benutzt ihn nie. Was ist das wohl?«

»Bolle, du bist wirklich ein Schwein!«, sagt der Mathelehrer empört. Die Klasse brüllt vor Lachen. Nein, ein paar grunzen auch, einer prustet und Elfriede quiekt. Die Stimmung ist super. Herr Speckbauch überlegt sich, wie er diesen vorlauten Schweinen nur Disziplin beibringen soll. »Setz' dich wieder hin, Bolle. Ich weiß es nicht – und ich will es auch gar nicht wissen!«

»Es ist der Nachname, Herr Speckbauch. Was hatten Sie denn gedacht?« Ach so.

Er hat keine Lust, sich von einem vorlauten Schwein an der Nase herumführen zu lassen, auch wenn er selbst ein Schwein ist.

Er sagt: »Na schön, Bolle, wenn du so schlau bist, dann kannst du bestimmt auch dieses Rätsel lösen: Ein Schwein steht vor einem Porträt. Jemand fragt ihn: “Wer ist das auf dem Bild?” Das Schwein antwortet: “Brüder und Schwestern habe ich nicht, aber der Vater dieses Mannes ist das Kind meines Vaters.” Wessen Porträt betrachtet das Schwein?«

Bevor sich sein dicker Freund blamieren kann, springt Hein auf und ruft: »Ich weiß es. Und ich wette, dass es keiner von euch rausbekommt!«

Und damit meint er auch alle Nichtschweine.

Die richtige Lösung steht auf Seite 106.

Das ist richtig, Hein«, sagt Herr Speckbauch etwas säuerlich. Er hatte gehofft, der frechen Schweinebande wäre endlich mal die Spucke weggeblieben. Bevor er sich wieder erholt hat, meldet sich James. Er schnalzt ganz aufgeregt mit den Fingern.

»Ja, James«, ruft ihn Herr Speckbauch auf. »Aber nur, wenn es wirklich wichtig ist.«

»Natürlich ist es wichtig«, sagt James. »Es ist schließlich eine Mathematikfrage. Und wir haben doch Matheunterricht. Also: Ein kleines Schwein badet. Es ist ein modernes Badezimmer, bei dem die Tür ganz dicht abschließt, damit nichts rauslaufen kann, falls die Wanne mal überläuft. Im Badezimmer gibt es kein Fenster. Die Tür geht nach innen auf. Das Schwein lässt warmes Wasser einlaufen und schlummert ein, weil es so gemütlich in der Wanne ist. Das Wasser läuft über den Wannenrand auf den Boden, steigt langsam immer höher, bis das ganze Badezimmer bis zum Wannenrand voll Wasser steht. Als es noch höher steigt, wacht das Schwein auf, dreht erschrocken am Wasserhahn – aber dabei reißt er ab –, und das Wasser kann nicht mehr abgestellt werden.

Die Tür lässt sich nicht öffnen, weil das Wasser so stark dagegen drückt. Schließlich ist sie völlig wasserdicht. Was soll das Schwein machen, damit es nicht ertrinkt?«

»Hm, das kann ja nicht so schwer sein«, sagt Herr Speckbauch. »Ist oben an der Decke wenigstens eine Öffnung?«

»Nein«, sagt James. »Es kann an die Türe klopfen«, sagt der Lehrer. »Das nützt nichts. Das Schwein ist allein. Die Mutter ist Einkaufen.« Susanne fängt an zu heulen: »Das arme Schweinchen. Es ertrinkt! Schnell, Herr Speckbauch, lassen Sie sich etwas einfallen!« Aber dem Lehrer fällt nichts ein. Er starrt ratlos in die entsetzten Gesichter der Schüler, die alle an ein ertrinkendes Schwein denken.

Die richtige Lösung steht auf Seite 106.

Als Herr Speckbauch und die Schweinebande es endlich geschafft haben, Susanne zu trösten, kehrt langsam wieder Ruhe in der Klasse ein. »Jetzt aber ...«, sagt Herr Speckbauch und greift in seine Mappe ... »Jetzt aber ...«, ruft Hein Schwein, »... ist mir gerade noch eine spannende Frage eingefallen.« »Sie wird jedoch nichts mit unserem heutigen Thema zu tun haben«, sagt der Mathelehrer.

»Oh doch«, sagt Hein. »Es ist eine Logikfrage. Und Sie haben Logik doch so gerne. Sie sagen immer, ein Schwein, das nicht logisch denken kann ...«

»Schon gut, Hein«, sagt der Lehrer und seufzt. »Also stell deine Frage, und dann geht's an die Klassenarbeit.«

»Also: Es sitzen ein paar Schweine am runden Tisch im Lehrerzimmer. Man weiß nicht genau, wie viele Schweine es sind, aber man weiß, dass immer abwechselnd ein Schwein, das immer lügt, neben einem sitzt, das immer die Wahrheit sagt.«

»Lehrer lügen nie«, sagt Herr Speckbauch beleidigt.

»Es ist ja nur eine Aufgabe. Eines der Schweine – man weiß nicht, ob es lügt oder nicht – sagt: “Mehr als neun Schweine hätten auch wirklich nicht an den Tisch gepasst.” Da sagt sein Nebenmann: “So ein Unsinn! Wir sind doch zehn.” Und nun will ich wissen, ob Sie herauskriegen, wie viele Lügner im Lehrerzimmer sitzen.«

»Natürlich nur in dieser Aufgabe und nur ganz theoretisch«, sagt Herr Speckbauch. »Denn wie gesagt: Es gibt keine Lügner im Lehrerzimmer.«

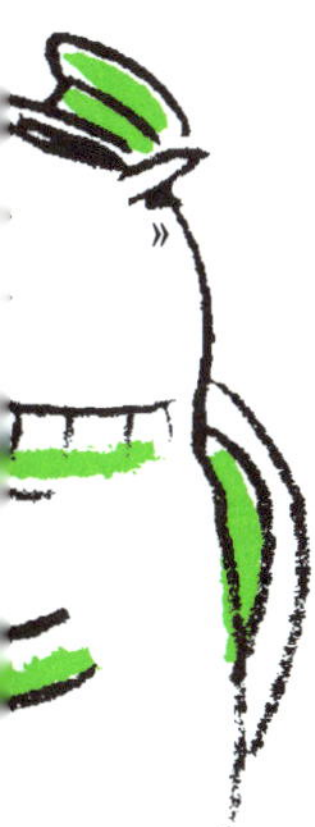

»Natürlich nur ganz theoretisch«, sagt Hein Schwein. »Aber wenn Sie herausbekommen haben, wie viele es sind, wissen Sie bestimmt auch, ob der Direktor mit dabei ist.«

Bitte nachdenken vor dem Umblättern. Die richtige Lösung steht auf Seite 107.

Es war sehr knapp«, sagt Hein Schwein großzügig. »Fast hätten Sie es rausgekriegt. Aber eine Chance haben Sie noch ...«

Und bevor Herr Speckbauch noch sagen kann, dass er gar keine Chance mehr braucht und jetzt endlich seine Mathearbeit schreiben will – hat ihn Hein schon wieder am Wickel: »Stellen Sie sich vor, gestern hatten wir unsere erste Schwimmstunde bei Frau Griebenschmalz, und da ist mir Folgendes aufgefallen: Von allen 24

Schweinen in ihrem Kurs können 21 schwimmen, 20 können tauchen, und 18 Schweine können beides – schwimmen und tauchen. Nun wollte ich Sie fragen, ob es vielleicht auch Schweine in unserer Klasse gibt, die weder schwimmen noch tauchen können.«

Herr Speckbauch hat sich ganz ganz fest vorgenommen, sich von keiner Frage mehr ablenken zu lassen, aber das interessiert ihn nun doch.

Ob man sowas tatsächlich ausrechnen kann?

Bitte nachdenken vor dem Umblättern.
Die richtige Lösung steht auf Seite 107.

Leider wieder falsch«, sagt Hein Schwein. »Naja, auch Mathelehrer sind nur Schweine. Aber da hätte ich noch eine spannende Frage ...«

»Aus! Schluss! Ende!«, ruft Herr Speckbauch, und seine Stimme überschlägt sich vor lauter Aufregung. Fast hätte er gequiekt. »Jetzt kommt die Klassenarbeit dran.«

»Kennen Sie eigentlich das Schweine-Dschungel-Camp?«, fragt James ganz ungerührt. »Das kommt doch jeden Freitag im Fernsehen. Haben Sie's schon mal gesehen?«

»Nein!«, kreischt Herr Speckbauch. »Und ich will auch nichts darüber hören! Keinen Ton!«

»Aber, Herr Speckbauch. Sie müssen keine Angst haben. Also bei diesem Schweine-Dschungel-Camp ...«, James ist rotzfrech, er redet einfach weiter. Aber er schaut Herrn Speckbauch ganz freundlich dabei an. »... waren die Schweine eine Woche auf sich allein gestellt. Sie hatten genügend Vorräte dabei, Schlafsäcke und eine Lampe. Doch nach fünf Tagen ging ihre Petroleumlampe aus. Zwar war in der Lampe noch genügend Petroleum drin, aber der Docht reichte nicht mehr so weit nach unten.

Und sie hatten kein Petroleum mehr zum Nachfüllen.

Was taten die Schweine, damit ihre Lampe weiterhin brannte?«

»Äh ... was hat das mit Mathematik zu tun?«, stottert Herr Speckbauch.

»Mit Logik, mit Logik, Herr Speckbauch«, sagt James. »Sie sagen doch immer: Logik ist die halbe Miete bei der Mathematik.«

Stimmt. Das sagt er immer. Und jetzt ist er dran.

»Ach, Herr Speckbauch«, sagt James, »darauf hätten Sie schon kommen können. Das war ferkeleinfach. Geht es Ihnen heute nicht gut?«

»Haben Sie Kopfweh?«, fragt Heidi besorgt, »Sie sehen so blass aus. Wollen Sie heute vielleicht etwas früher nach Hause gehen ...«

»Ich will überhaupt nicht nach Hause gehen«, knurrt Herr Speckbauch. »Ich werde jetzt die Aufgabenblätter aus der Mappe holen und dann werden wir ...«

»Weil Sie gerade davon reden«, fällt ihm Bolle ins Wort, »da fällt mir auch eine tolle Aufgabe ein. Hat mir mein Opa erzählt, der ist nämlich zur See gefahren.«

»Mach's kurz«, seufzt Herr Speckbauch.

»Also, eines Tages im Hafen musste er die Schiffswand streichen. Seine Strickleiter reichte bis zehn Zentimeter über das Wasser, und die Sprossen waren jeweils zwölf Zentimeter voneinander entfernt. Mein Opa stand auf der untersten Sprosse, als plötzlich die Flut kam. Der Wasserspiegel stieg um einen halben Meter. Wie viele Sprossen musste er höher steigen, damit er keine nassen

Füße bekam? Das ist aber wirklich nicht so schwer.«

»Na gut«, sagt Herr Speckbauch, nimmt die Kreide in die Hand und malt mit ein paar Strichen eine Strickleiter an die Tafel. »Das sind also zehn Zentimeter minus 50 geteilt durch zwölf ... oder, nein ... also wenn man erstmal zehn von 50 abzieht und dann ...«

Bolle zwinkert Hein und James zu, und die beiden schauen auf die Uhr. Nur noch eine halbe Stunde.

Aber wie viele Stufen musste Bolles Opa denn tatsächlich hochsteigen?

Bitte nachdenken vor dem Umblättern.
Die richtige Lösung steht auf Seite 108.

Reingefallen!«, ruft Bolle begeistert, und die ganze Klasse lacht. Herr Speckbauch bekommt einen knallroten Kopf, was bei Schweinen ziemlich lustig aussieht.

»Das war ein ganz mieser Trick!«, ruft er und hat vor lauter Ärger vergessen, dass er eigentlich eine Arbeit schreiben wollte. »So kann man keine Fragen stellen. Ich bitte mir eine präzise Aufgabenstellung aus. Klar?«

»Klar«, sagt Hein Schwein. »Da weiß ich eine ungeheuer präzise Frage. Und die geht so: Bolle und James laufen um die Wette, von der alten Ulme bis zum Schultor, und das sind genau 100 Meter. Als James ins Ziel kommt, ist Bolle noch fünf Meter dahinter. Aber weil James fair

sein will – schließlich ist Bolle ja sein jüngerer Bruder, auch wenn er nur drei Minuten jünger ist –, schlägt er ihm vor, das Rennen noch einmal zu wiederholen. Und diesmal startet James fünf Meter hinter Bolle. Wer gewinnt diesmal?

»Hm ...«, Herr Speckbauch schaut Hein Schwein misstrauisch an. »Und das ist nicht schon wieder so eine blöde Fangfrage?«

»Großes Schweineehrenwort!«, sagt Hein.

»Na, dann kann es ja nicht so schwer sein.« Herr Speckbauch schreibt an die Tafel: »Also x ist gleich 100, und y ist 105, dann setzen wir die Zeit von Bolle für a und die von James für b ... geteilt durch ... ähhh ...«

Bitte nachdenken vor dem Umblättern. Die richtige Lösung steht auf Seite 108.

Herr Speckbauch wischt sich den Schweiß von der Stirn. Jetzt hat ihn dieser vorlaute Hein doch schon wieder drangekriegt. Vielleicht sollte er ihm auch mal eine Aufgabe stellen, aber es fällt ihm gerade nichts ein. Zu blöd.

Da meldet sich James. »Herr Speckbauch, ich hab gestern etwas Irres beobachtet. Einfach unglaublich. Soll ich's mal erzählen?«

»Wenn es was mit dem Unterricht zu tun hat«, sagt Herr Speckbauch erschöpft.

»Na klar. Also, das war so. Ich saß gestern bei uns am Küchenfenster und schaute in den Hof hinunter, da kam ein Möbelwagen in den Hof gefahren, ganz vorsichtig, weil er so hoch war, dass er gerade noch durch das Tor passte. Also, die Möbelpacker luden den Wagen aus und trugen alles in den zweiten Stock hinauf. Da zogen nämlich gerade neue Mieter ein. Und stellen Sie sich vor: Als sie fertig waren und wieder aus dem Hof fahren wollten, kamen sie nicht mehr durch das Tor. Der Wagen stieß oben am Tor an und saß fest. Komisch, was?«

»Sehr komisch«, sagt Herr Speckbauch. »Aber wir haben hier eine Mathematikstunde. Hast du das vergessen?«

»Gar nicht«, sagt James. »Ist auch Mathematik. Wieso kam der Wagen nicht mehr raus? Und was haben die Möbelpacker gemacht, damit der Wagen dann doch wieder durch das Tor passte? Das ist eine Zusatzfrage. Gibt auch Extrapunkte.«

»Sie haben das Tor gesprengt.«

»Aber nein, Herr Speckbauch. Das ist keine Scherzfrage. Denken Sie mal in Ruhe nach.«

Die richtige Lösung steht auf Seite 108.

Schluss jetzt!«, ruft Herr Speckbauch und ärgert sich gewaltig, dass er nicht auf die Lösung gekommen ist. »Wir fangen an. Ich teile jetzt die Aufgaben aus.«

»Wir können noch nicht anfangen«, sagt Bolle. »Sie haben die Parole noch nicht gesagt.«

»Wie bitte?«, Herr Speckbauch traut seinen Ohren nicht. Dieser Bolle ist ja wirklich rotzfrech.

»Ja, die Parole. Wissen Sie das nicht? Das haben wir doch in der Schweinemitverwaltung beschlossen. Bevor man die Parole nicht sagt, darf man keine Klassenarbeit schreiben. Aber es ist eine mathematische Parole, und Sie werden sie bestimmt schnell rauskriegen. Na, ich fang mal an – passen Sie gut auf.«

Bolle deutet auf Hein und sagt: »Sechzehn.«

Hein kratzt sich am Kopf, dann sagt er: »Acht.«

»Richtig. Und jetzt du, Lisa: Achtundzwanzig.«

Lisa denkt lange nach und sagt dann: »Vierzehn.«

»Richtig.« Bolle deutet auf seinen Zwillingsbruder und sagt: »Acht.«

»Vier«, sagt James und grinst über beide Ohren.

»Und jetzt Sie«, sagt Bolle und deutet auf seinen Lehrer.

»Wie ist die Parole. Ich sage Vierzehn – und was sagen Sie?«

»Sieben. Na, das war ja nicht besonders schwer.«

»Aber es ist falsch«, ruft Bolle triumphierend. »Falsch, falsch, falsch! Sie dürfen keine Klassenarbeit schreiben!«

Die richtige Lösung steht auf Seite 109.

Plötzlich ist Herr Speckbauch ganz kleinlaut geworden. Das mit der Parole hat er nicht gewusst. Darf er jetzt tatsächlich keine Mathearbeit schreiben? Vielleicht sollte er seinen Chef, den Direktor, fragen. Aber der hat heute Besuch von seinem eigenen Chef. Das ist der Schulinspektor. Der kommt jedes Jahr einmal, um sich den Unterricht anzusehen.

»Hoffentlich kommt er nicht zu mir herein«, denkt Herr Speckbauch. »Wenigstens nicht, so lange ich Unterricht bei diesen Nervensägen von der Schweinebande habe.«

»Wir sind ja nicht so«, sagt Hein Schwein großzügig. »Wenn Sie ein paar richtig schwere Fragen richtig beantworten, könnten wir ein Auge zudrücken.«

Hein weiß nämlich auch, dass der Schulinspektor heute zu Besuch ist.

»Das wäre nett. Dann stellt mal eine Frage.«

James meldet sich. »Ich weiß eine: Zwei Schweine schauen in eine gerade Röhre, die auf einem Tisch liegt. Trotzdem können sie sich nicht sehen. Warum?«

Herr Speckbauch überlegt. »Vielleicht ist sie verstopft?«

»Nein, sie ist nicht verstopft.«

»Oder es ist dunkel im Zimmer.«

»Gute Idee, ist aber leider falsch.«

Herr Speckbauch beginnt zu schwitzen. Es fällt ihm nichts mehr ein, und die ersten Schweine fangen schon an zu kichern.

»Also ... sind die beiden Schweine vielleicht blind?«

»Nein, Herr Speckbauch. Auf was für Ideen Sie aber auch kommen. Denken Sie doch einmal nach. Ganz kräftig!«

Herr Speckbauch denkt ganz kräftig nach, so kräftig, dass er Kopfweh bekommt. Er kneift fest die Augen zusammen, denn so kann er immer am besten denken. Aber es fällt ihm einfach nichts ein.

Die richtige Lösung steht auf Seite 110.

Ich weiß keine Frage«, sagt Bolle, »aber ich kenne eine prima Wette.«

»Schweine wetten nicht«, sagt Herr Speckbauch empört. »Und in der Schule gleich zweimal nicht.«

»Schade«, sagt Bolle. »Und dabei wollte ich mit Ihnen um zehn Euro wetten. Damit hätte ich mein Taschengeld schön aufbessern können.«

»Um Geld wettet man überhaupt nicht. Was euch kleinen Schweinen alles so einfällt, also wirklich ...«

»Aber es ist eine mathematische Wette.«

»So?« Herr Speckbauch wird nachdenklich. Eine mathematische Wette kann er ja gar nicht verlieren. Vor allem nicht gegen diesen Bolle. Denn der steht nämlich auf einer wackeligen Vier in Mathe.

»Na gut, Bolle, dann lass mal hören.«

»Also, ich wette mit Ihnen um einen Euro, dass ich Ihnen zehn Euro schenke, wenn Sie mir fünf Euro schenken.«

»Hm ...«, Herr Speckbauch denkt nach.

Das klingt eigentlich ganz einfach.

Aber ist es wirklich eine gute Wette für den Mathelehrer?

Bitte nachdenken vor dem Umblättern.
Die richtige Lösung steht auf Seite 110.

Wette gewonnen, Geld verloren!«, ruft Bolle, und Herr Speckbauch ärgert sich gewaltig. »Eigentlich dürfen Schweine in deinem Alter noch gar nicht um Geld wetten.«

»Wetten, dass doch?«

»Naja, du bist doch bestimmt erst ... wie alt bist du Bolle?«

»Ich bin drei Minuten jünger als James.«

»Das ist ja sehr hilfreich. Und wie alt ist James?«

Bevor nun Bolle sagen kann “Drei Minuten älter als ich”, kommt Hein seinem Lehrer zu Hilfe.

»Lassen Sie sich nicht reinlegen, Herr Speckbauch – ich kann Ihnen genau sagen, wie alt er ist. Auch wenn sich das komisch anhört: Bolle ist an seinem letzten Geburtstag zwölf geworden. Aber an seinem nächsten wird er nicht 13. Na, jetzt wissen Sie es genau.«

Der Lehrer starrt Hein Schwein mit großen Augen an. »Erzähle keinen Unsinn, das geht doch nicht. Wenn er an seinem letzten Geburtstag

zwölf geworden ist, ist er eben auch zwölf – und am nächsten wird er 13.«

»Eben nicht, eben nicht«, kreischt Bolle und hält sich den Bauch vor Lachen.

Eleonore hebt den Finger und sagt: »Das mit den Geburtstagen ist sowieso komisch. Ich hatte erst dreimal Geburtstag, und dabei bin ich doch schon 13!«

Jetzt ist Herr Speckbauch aber platt. Lügen ihn seine Schüler an, oder gibt es solche Geburtstage wirklich?

**Bitte nachdenken vor dem Umblättern.
Die richtige Lösung steht auf Seite 110.**

Herr Speckbauch gratuliert Bolle und seinem Bruder zum Geburtstag. Die Zeit vergeht heute aber schnell. Jetzt sollte er sich beeilen, wenn er seine Mathearbeit noch schreiben will. Da fällt ihm ein, dass er die Hausaufgaben noch nicht kontrolliert hat. Er hat eine Menge schwerer Multiplikationen von Seite 121 bis 122 im Mathebuch aufgegeben. Also lässt er sich noch schnell die Hefte zeigen – und er hört eine Unmenge von Ausreden. Manche sind schlechter, manche sind besser. Und eine ist gelogen.

Hein sagt: »Tut mir leid, mein Vater hat das Matheheft aus Versehen mit ins Büro genommen. Er hat es wohl mit einer seiner Akten verwechselt.«

Bolle sagt: »Ich konnte nur die Aufgaben auf Seite 121 machen, die Seite 122 muss jemand aus meinem Buch gerissen haben.«

Helga sagt: »Mir ist die Milch umgekippt und über das Heft gelaufen. Da hab ich es zum Trocknen in den Herd gelegt – und da ist es verbrannt. Leider.«

James sagt: »Mein Hamster hat mein Matheheft aufgefressen, wahrscheinlich weil der Einband so schön grün war. Er hat das Heft mit einem Salatblatt verwechselt.«

Susanne sagt: »Ich konnte die Hausaufgaben leider nicht machen, weil meine Eltern mit mir am Wochenende zum hundertsten Geburtstag meiner Urgroßoma gefahren sind. Bei der Feier waren insgesamt 63 Verwandte da – das war vielleicht ein Durcheinander!«

Und Herr Speckbauch sagt: »Also, ganz so doof bin ich nun auch wieder nicht. Einer von euch lügt, und zwar ganz gewaltig!« Aber wer?

Bitte nachdenken vor dem Umblättern.
Die richtige Lösung steht auf Seite 111.

Gratuliere, Herr Speckbauch«, sagt Bolle. »Sie haben es gemerkt. Aber das war auch nicht so schwer. Ich weiß eine viel kompliziertere Aufgabe, eine richtige Herausforderung für einen genialen Mathematiklehrer, wie Sie einer sind.«

Herr Speckbauch fühlt sich geschmeichelt. »Na, da bin ich aber gespannt, Bolle.«

»Also, Sie müssen sich vorstellen, in unserer Stadt ist der Strom durch einen Kurzschluss ausgefallen. Nichts geht mehr, die Straßenbeleuchtung nicht, und auch die Verkehrsampeln funktionieren nicht. Mitten auf der

Straße steht eine alte Schweineoma, die völlig schwarz gekleidet ist – schwarzer Rock, schwarze Strümpfe, schwarze Schuhe, schwarze Jacke, und auf dem Kopf ein schwarzes Kopftuch. Da rast plötzlich ein Auto auf sie zu. Seine Scheinwerfer sind ausgeschaltet – und trotzdem kann es noch kurz vor der Oma ausweichen und fährt knapp an ihr vorbei. Sie bleibt völlig unverletzt.«

»Puh«, seufzt Herr Speckbauch, »da bin ich aber froh.«

»Aber wieso konnte das Auto in letzter Sekunde noch ausweichen?«, fragt Bolle.

Tja, das ist wirklich eine knifflige Frage.

Bitte nachdenken vor dem Umblättern.
Die richtige Lösung steht auf Seite 111.

»So ein übler Trick!«, beschwert sich Herr Speckbauch, und er sieht ziemlich beleidigt aus. »Du hast es nämlich erzählt, als ob es dunkel ...«

»Aber das ist doch gerade der Witz«, unterbricht ihn Hein Schwein. »Schließlich sind Sie ja ein großes Schwein und wir sind nur ganz kleine. Also müssen wir uns schon etwas einfallen lassen, sonst kriegen Sie die Lösungen viel zu schnell raus.«

»Ich habe ja den Verdacht, dass ihr mich nur von der Klassenarbeit ablenken wollt!«

»Aber Herr Speckbauch!«, sagt James entrüstet. »Wie kommen Sie nur auf sowas? Wir sind einfach total begeistert von diesen Textaufgaben.«

»Stimmt«, sagt Bolle. »Wir sind die vollen Logikfans!«

»Und gerade ist mir noch eine eingefallen«, sagt Hein Schwein und zwinkert seinen Freunden zu. »Kennen Sie die mit dem Schwein im Keller?«

»Nein«, sagt Herr Speckbauch, »kenne ich nicht, aber ich will jetzt endlich ...«

»Also, es steht ein Schwein im Keller vor drei Lichtschaltern. Einer davon schaltet die Lampe in seiner Wohnung ein, aber die ist im dritten Stock. Was muss das Schwein machen, damit es nicht ständig Treppen steigen muss, denn es weiß nicht, welcher der richtige Schalter ist. Es kann es übrigens schon aufs erste Mal rausbekommen.«

»Er sagt seiner Frau, sie soll rufen, wenn das Licht brennt«, sagt Herr Speckbauch.

»Das Schwein hat keine Frau. Es ist ganz allein im Haus.«

Die richtige Lösung steht auf Seite 111.

Herr Speckbauch ärgert sich. Darauf hätte er auch selber kommen können. Er schaut auf die Uhr. Verflixt, schon so spät. Er öffnet seine Aktentasche und will gerade die Arbeitsblätter herausholen, als er ein Schluchzen hört. Es ist Susanne in der dritten Reihe. »Was ist denn los?«, fragt Herr Speckbauch. »Hast du Angst vor der Mathearbeit?«

»Aber nein. Mir ist nur gerade etwas ganz Trauriges eingefallen. Letzte Woche ist doch der alte Bauer Wutz

gestorben. Und das war eine schreckliche Geschichte. Er war nämlich in seiner Küche eingeschlafen. Bauer Wutz träumte, er wäre von einer Bande blutrünstiger Metzger gefangen worden, die ihm den Hals durchschneiden wollten. Zwei hielten ihn auf dem Hackblock fest, während der Dritte mit dem Beil ausholte. Der arme Bauer Wutz regte sich in seinem Traum so auf, dass er anfing zu schnarchen. Das ärgerte seine Frau, die neben ihm am Tisch saß, und sie klopfte ihm einmal kräftig auf den Nacken, damit er aufwachte. Aber das tat sie genau in dem Moment, in dem der Metzger im Traum das Beil auf den Hals des Bauern Wutz sausen ließ – und das arme Schwein erschrak dermaßen, dass es einen Herzanfall bekam und starb. Eine schreckliche Geschichte, finden Sie nicht, Herr Speckbauch?«

»Tatsächlich«, sagt der Lehrer. »Ganz furchtbar. Jetzt verstehe ich, warum du so traurig bist.«

»Schrecklich ist die Geschichte schon«, sagt Hein, »aber sie ist ganz bestimmt nicht wahr.«

Und warum wohl nicht?

Bitte nachdenken vor dem Umblättern.
Die richtige Lösung steht auf Seite 112.

Na, wenigstens lebt Bauer Wutz noch!«, ruft Bolle, als er sieht, wie sauer Herr Speckbauch ist, weil er wieder einmal reingefallen ist.

»Außer solchen Scherzfragen fällt euch auch nichts ein. Schämt euch!«

»Wir kennen auch andere Aufgaben«, sagt Hein Schwein. »Aber wir wollten nur ein bisschen Spaß in die Stunde bringen. Mathematik und Heiterkeit – das passt doch prima zusammen!«

»Ja, ganz toll«, brummelt Bolle.

»Na schön«, sagt Herr Speckbauch. »Dann stellt mir doch einmal eine anständige Aufgabe. Dann sehen wir weiter.«

»Gut. Eine ganz einfache Rechenaufgabe. Stellen Sie sich vor, man würde von Kapstadt in Südafrika bis nach Stockholm in Schweden eine Mauer bauen – zwei Meter breit und drei Meter hoch, und ein Kubikmeter dieser Mauer würde 500 Kilogramm wiegen. Um wie viel Kilo würde die Erde durch diese Mauer schwerer werden?«

»Das ist eine anständige Mathematikfrage«, sagt Herr Speckbauch zufrieden. »Jetzt muss ich nur noch wissen, wie weit es von Kapstadt bis nach Stockholm ist.«

»10.000 Kilometer«, sagt Hein Schwein. »Aber ärgern Sie sich nicht, wenn die Antwort wieder falsch ist.«

»Diesmal ist sie nicht falsch!«

e nachdenken vor dem Umblättern. Die richtige Lösung steht auf Seite 112.

»Richtig gerechnet – aber falsch!«, ruft Bolle begeistert, und die ganze Klasse lacht. Ach, wie blöd. Dabei hat sich Herr Speckbauch doch so viel Mühe gemacht. Das ist oft so. Da rechnet man und rechnet ... und man hätte sich das alles sparen können. Schrecklich für einen Mathelehrer.

Herr Speckbauch schaut grimmig in die Klasse. Anne in der letzten Reihe macht schon wieder diese dämlichen Fadenspiele. Mädchenkram. Schweinemädchen spielen gerne mit Fäden, wickeln sie um ihre Pfoten, ziehen hin und her und knüpfen die verzwicktesten Schlingen und Knoten ...

»Anne! Hör sofort auf damit!«, ruft Herr Speckbauch.

»Das hat nichts mit dem Unterricht zu tun!«

»Hat es doch«, sagt Anne.

»Blödsinn!«

»Doch. Schauen Sie einmal ...« Anne steht auf und kommt mit ihrem Faden nach vorne. »... diese Schlinge ist etwas ganz Besonderes.«

Herr Speckbauch betrachtet nachdenklich das Durcheinander, das ihm Anne vor die Nase hält. »Wenn ich nun an den beiden Enden des Fadens ziehe, was glauben Sie, wie viele Knoten das wohl gibt?«

»Hm ... drei ... oder vier?«

»Schauen Sie noch einmal ganz genau.«

Wie viele Knoten werden es denn nun wirklich?

Bitte nachdenken vor dem Umblättern.
Die richtige Lösung steht auf Seite 113.

Mädchenkram!«, schnauft Herr Speckbauch. Aber eigentlich schämt er sich. Ausgerechnet das kleine Schweinemädchen hat ihn reingelegt!

»Nun sind wohl alle Fragen beantwortet, und jetzt schreiben wir endlich die Mathearbeit«, sagt er und zieht die Aufgabenblätter aus der Aktentasche.

»Da fällt mir noch etwas ein!«, ruft Hein Schwein und winkt mit der Pfote. »Etwas ganz besonders Trauriges. Letzte Woche ist nämlich mein Onkel Rüssel in einen Brunnenschacht gefallen.«

»Wie schrecklich«, sagt Bolle. »Der arme Onkel Rüssel.«

»Ja. Er fiel hinein, weil er dachte, es wäre ein Topf mit Kartoffelsalat. Aber er hätte es schon merken müssen, denn ein Topf ist doch niemals so groß wie ein Brunnen. Aber er ist halt ein sehr gieriges Schwein.«

»Kartoffelsalat ist aber auch etwas besonders Feines«, sagt James, »besonders mit Gurken und Zwiebeln.«

»Unsinn«, sagt Herr Speckbauch. »Man fällt nicht in einen Topf mit Kartoffelsalat. Und was soll denn das alles mit einer Mathematikaufgabe zu tun haben?«

»Es war so«, sagt Hein Schwein, »dass er in einen 21 Meter tiefen Brunnen fiel. Sofort machte er sich daran, wieder aus dem Schacht herauszuklettern. Er schaffte sieben Meter in der Stunde, dann war er müde, ruhte sich kurz aus und rutschte dabei vier Meter zurück. Dann kletterte er weiter, wurde nach sieben Metern wieder müde, rutschte wieder zurück – und so weiter. Wann erreichte er endlich den Brunnenrand?«

»Stimmt«, sagt Herr Speckbauch, »es ist doch eine Mathematikaufgabe.«

Die richtige Lösung steht auf Seite 113.

Herr Speckbauch schaut auf seine Uhr. Es wird spät. Die Hälfte der Stunde ist schon um. Und irgendwo in der Schule treiben sich der Schulinspektor und der Direktor herum. Gefährlich. Aber noch bevor er endlich die Aufgabenblätter aus der Aktentasche ziehen kann, meldet sich James. »Ich hätte noch eine Frage zu angewandter Mathematik, Herr Speckbauch.« »Dann mach schnell, James. Wir sind spät dran. Sonst beschwert ihr euch wieder, dass ihr zu wenig Zeit habt.«

Bitte nachdenken vor dem Umblättern.
Die richtige Lösung steht auf Seite 113.

»Es ist eine Frage aus der Geschichte. Da belagerten doch im Mittelalter die Ritter von Rippenschmalz die Burg des Speckbarons Siegfried. Der Baron hatte die Zugbrücke hochgezogen, und die Ritter hatten keine Leitern dabei. Um die Burg lief ein Wassergraben, der war zwei Meter breit und vier Meter tief. Das Einzige, was die Ritter in der Umgebung fanden, waren zwei Bretter, aber die waren beide um zehn Zentimeter kürzer als zwei Meter. Nun stellte sich für sie die Frage: Wie konnten sie damit den Wassergraben überbrücken? Ein Ritter war dabei, ein Hartmut von Speckbauch – vielleicht ein Vorfahre von Ihnen –, der den rettenden Einfall hatte. Kommen Sie dahinter, was er machte?«

Herr Speckbauch ist sehr stolz, dass einer seiner Vorfahren ein berühmter Ritter war. Aber wie er mit zwei zu kurzen Brettern über den Graben gekommen ist, das fällt ihm nicht ein.

So ein blöder Ritterquatsch!«, ruft Herr Speckbauch beleidigt, denn er hat wohl gemerkt, dass er mit dem tapferen und schlauen Hartmut nicht verwandt ist. »Immer nur kämpfen und Burgen belagern und Drachen töten – also gegen eine richtig schöne Mathematikaufgabe ist das alles nur kalter Kaffee. Wenn ich nur daran denke, dass man ständig auf Pferden reiten muss. Das ist für ein Schwein nicht gerade die angenehmste Art der Fortbewegung.«

»Aber Pferde müssen ja nicht immer Ritter tragen. Sie können auch auf einem Bauernhof arbeiten«, sagt Hein Schwein. »Und da fällt mir gerade – ganz zufällig übrigens – eine wunderbare mathematische Aufgabe ein. Und sie ist ganz kurz: Ein Bauer steht auf seinem Feld, als ein Pferd auf ihn zukommt. Eine Sekunde später ist er spurlos verschwunden. Was ist da passiert?«

»Eine mathematische Aufgabe soll das sein?«

»Aber ganz bestimmt eine logische«, sagt Hein lächelnd.

Bitte nachdenken vor dem Umblättern.
Die richtige Lösung steht auf Seite 114.

Herr Speckbauch leidet wie ein Hund. Er nimmt sich vor, in der Konditorei Schmatz zwei extra große Stücke Nusstorte (vielleicht sogar ein Tartufo!) zu bestellen, wenn diese Stunde endlich vorüber ist. So schlimm war es ja noch nie. Da erzählen die Leute immer, die Lehrer hätten so ein lockeres Leben, immer Ferien und jeden Nachmittag faulenzen. Ja, wenn es solche Kinder wie Hein, Bolle und James nicht gäbe. Nervensägen alle drei! Und jetzt meldet sich dieser freche James schon wieder. »Ja, bitte?«, sagt Herr Speckbauch. »Aber wirklich nur, wenn es zum Unterricht gehört. Wir haben es eilig!«

»Klar gehört's zum Unterricht; schließlich sollen wir bei Ihnen ja logisches Denken lernen«, sagt James. »Meine Eltern machen gerade wieder eine Abmagerungskur. Und da müssen wir natürlich auch mitmachen. Sie haben unsere Lieblingskekse nicht versteckt, sondern vertauscht. In einer Dose liegen nur Schokoladenkekse, in der anderen nur Vanillekekse, und in der dritten Schokoladen- und Vanillekekse gemischt. Die Dosen sind beschriftet und zwar mit **Schoko/Vanille**, **Schoko** und **Vanille**. Aber sie sind alle vertauscht – es liegt also in keiner das, was draufsteht.«

»Und wozu soll das gut sein?«, fragt Herr Speckbauch.

»Abnehmen und Logik trainieren. Ich darf nämlich jeden Tag aus einer Dose einen Keks herausnehmen. Aber ich darf dabei nicht in die Dose schauen. Wenn ich dann sagen kann, welche Kekse in welchen Dosen sind, darf ich essen, so viel ich will.«

»Hm«, sagt Herr Speckbauch, »das klingt in der Tat nach einem mathematischen Problem ...« Aber in Gedanken ist er schon in der Konditorei Schmatz.

Bitte nachdenken vor dem Umblättern.
Die richtige Lösung steht auf Seite 114.

James grinst über das ganze Gesicht. Seine Eltern sind nach Herrn Speckbauch also höchst begabte Mathematiker. Vielleicht sollten sie ja ab und zu mal Unterricht geben. James Mutter jedenfalls kennt sich unglaublich gut aus in Nachspeisenrezepten. Und sein Vater ist ein berühmter Würfelspieler.

»Ein Würfelspieler?«, fragt Herr Speckbauch und zieht verächtlich den Rüssel hoch. »Das ist doch kein Beruf.«

»Aber ja«, sagt James, der sehr stolz auf seinen Vater ist. »Er hat schon viele internationale Turniere gewonnen. Und er verdient mehr als unser Direktor.«

»Soso«, sagt Herr Speckbauch säuerlich, denn der Schuldirektor verdient doppelt so viel wie er. »Aber mit Mathematik hat Würfeln sicher nichts zu tun. Das ist nämlich ein reines Glücksspiel.«

»Wenn Sie sich da mal nicht täuschen. Mein Vater hat mir ein paar Sachen mit Würfeln beigebracht, die überhaupt nichts mit Glück zu tun haben.«

»Zum Beispiel?«, fragt Herr Speckbauch spitz.

»Nehmen Sie zum Beispiel diesen Stapel Würfel«, sagt

James, zieht fünf Würfel aus der Hosentasche und stellt sie übereinander auf seinen Tisch. »So. Sie können um den Stapel herumgehen und sich alle Augen anschauen. Aber ich kann ganz schnell im Kopf ausrechnen, was all die Augen zusammen ergeben, die man nicht sieht.«

»Interessant«, sagt der Lehrer und betrachtet den Würfelstapel. Neun Würfelflächen sind verdeckt, und die muss man also zusammenzählen. Oben liegt eine Drei.

Bitte nachdenken vor dem Umblättern.
Die richtige Lösung steht auf Seite 114.

Herr Speckbauch muss zugeben, dass man mit Würfeln tatsächlich gut rechnen kann. »Übrigens«, sagt Bolle, der schließlich denselben Vater hat wie James, »wissen Sie, wie viele Seiten eines Würfels man maximal auf einmal sehen kann?«

Herr Speckbauch nimmt einen Würfel in die Hand. »Drei«, sagt er. »Das war aber nicht schwer.«

»Stimmt aber nicht«, sagt Bolle und grinst. »Man kann sogar alle auf einmal sehen.«

»Ja, wenn man ihn auf einen Spiegel stellt und einen Spiegel dahinter ... nein, halt, dann kann man die Fläche nicht sehen, auf der er steht.«

»Es ist ganz einfach«, sagt Bolle, »wenn man in dem Würfel sitzt. Schließlich kann man sich auch einen ganz großen Würfel vorstellen, oder?«

»Ach, das sind so Scherzaufgaben«, sagt der Lehrer.

»Ich kenne aber eine, die kein Scherz ist. Es gehen drei Schweine in ein Restaurant und essen das große Menü für 30 Euro. Und weil sie nicht so viel Hunger haben, teilen sie es sich, und als sie gehen, zahlt jedes Schwein zehn Euro. Klar?«

»Noch kann ich dir folgen«, sagt Herr Speckbauch.

»Prima. Aber kaum sind die Schweine gegangen, fällt dem Wirt ein, dass das große Menü heute ja nur 25 Euro kostet. Er schickt ihnen also den Ober mit fünf Euro hinterher. Der denkt sich: Wie soll ich nur fünf Euro auf drei Schweine aufteilen? Ich gebe lieber jedem einen Euro und behalte die zwei übrigen als Trinkgeld. Jedes Schwein bekommt also einen Euro zurück. Nun haben sie jeder neun Euro für das Essen ausgegeben, das sind 27 Euro, und der Ober hat zwei Euro behalten, macht 29 Euro. Wo ist denn der letzte Euro geblieben?«

Bitte nachdenken vor dem Umblättern.
Die richtige Lösung steht auf Seite 115.

Hein Schwein meldet sich schnell, bevor Herr Speckbauch auf dumme Gedanken kommen kann. Der grübelt nämlich immer noch, wo der eine Euro geblieben ist.

»Ist doch toll, da merkt man endlich einmal, wie nützlich Mathematik im Leben eines Schweins sein kann«, sagt Hein. »Meine Mutter ist auch ganz begeistert davon, dass ich so gut rechnen kann. Ohne mich läuft im Haushalt gar nichts mehr, sagt sie.«

»Soso.« Herr Speckbauch kapiert immer noch nicht, wo dieser blöde Euro geblieben ist. Ob ihn der Wirt hat?

»Wissen Sie, dass meine Mutter ohne mich die Waschmaschine nicht mehr anstellt? Ich bin ein mathematisches Wäschegenie, sagt sie.«

»Sauber«, sagt Herr Speckbauch. Vielleicht hat ja auch der Ober heimlich drei statt zwei Euro behalten, oder einer ist ihm aus der Tasche gefallen.

»Wollen Sie mal eine Wäscheaufgabe hören?«, fragt Hein.

»Was? Jaja, aber bloß nichts mit verschwundenen Münzen. Davon hab ich nämlich den Rüssel voll!«

»Also, ein Sockenproblem. Nicht das, warum immer ein Socken in der Waschmaschine verschwindet. Das ist unlösbar. Ein anderes. Im Wäschesack meiner Mutter liegen sechs Paar schwarze und zwölf Paar weiße Socken. Wie oft muss man reingreifen, um ganz sicher ein Paar gleichfarbiger Socken zu haben?«

»Na, das ist ja nicht schwer«, sagt Herr Speckbauch. »Man muss dreimal reinfassen. Ganz klar.«

»Aber leider falsch.«

»Natürlich stimmt das. Beim dritten Mal hat man zwei gleichfarbige Socken in der Pfote.«

»Ich sagte: ein Paar gleichfarbiger Socken!«

**Bitte nachdenken vor dem Umblättern.
Die richtige Lösung steht auf Seite 115.**

Ich trage sowieso nie Socken«, sagt Herr Speckbauch. »Da weiß man natürlich nicht, dass es linke und rechte gibt.«

Die Drei von der Schweinebande zwinkern sich zu. »So ein schlechter Verlierer«, soll das bedeuten. Naja, fast die Hälfte der Stunde ist schon vorbei, und wenn Herr Speckbauch tatsächlich noch eine Mathearbeit schreiben will, muss er sich jetzt beeilen.

Bolle meldet sich. »Kennen Sie eigentlich das kleine Dorf im Wald hinter Schweinshofen? Da wohnen nämlich komische Leute.«

Herr Speckbauch hat endlich die Aufgabenblätter aus seiner Mappe geholt. »Und jetzt willst du mir eine Frage stellen, damit ihr noch ein bisschen Zeit schindet, oder?«

»Aber Herr Speckbauch! Wie kommen Sie denn auf die Idee? Ich wollte nur wissen, ob Sie schon was vom Dorf der Lügner und Wahrheitssager gehört haben.«

»Nein. Hab ich nicht. Wer will die Aufgaben austeilen?«

Aber keiner meldet sich. Susanne fragt: »Was ist denn das für eine Geschichte? Lügner und Wahrheitssager?«

»Ja«, sagt Bolle. »Die Bauern dort sagen entweder immer die Wahrheit, oder sie lügen immer. Man kann es ihnen aber nicht ansehen. Gestern war ich da und wusste nicht, wie ich zurück nach Hause kommen sollte. Ich stand an einer Weggabelung, und einer der beiden Wege war der richtige, aber welcher? Da kamen zwei Bauern, aber ich wusste ja nicht, welcher von beiden lügt und welcher nicht. Da fiel mir eine Frage ein, mit der ich herausbekam, welcher der beiden Wege der richtige ist.«

Die richtige Lösung steht auf Seite 115.

Man hätte auch eine Karte mitnehmen können«, sagt Herr Speckbauch, dem nichts eingefallen war. »Man darf sich sowieso nicht auf die Empfehlungen der Landbevölkerung verlassen. Was man nicht selber weiß und selber nachlesen kann, ist meistens falsch. Aber jetzt genug geredet – wer von euch teilt die Aufgaben aus?«

Niemand rührt sich. Hein Schwein schaut in die Luft, Bolle bohrt in der Nase, James kramt in seiner Tasche.

»Na komm, Susanne, dann mach du es eben.«

»Die sind mir viel zu schwer«, sagt Susanne.

»So ein Unsinn, das kannst du gar nicht wissen.«

»Wir können es ja abwiegen«, schlägt Bolle vor.

»Abwiegen! Da fällt mir eine Aufgabe ein. Man hat fünf Säcke mit Münzen, die alle dasselbe wiegen, nämlich jede einzelne zehn Gramm. In einem Sack jedoch sind nur gefälschte Münzen. Die wiegen je ein Gramm weniger als die echten. Wie kann man nun mit einer Küchenwaage herauskriegen, in welchem Sack die Fälschungen liegen?«

»Ach, das geht schon«, sagt Herr Speckbauch. »Man muss halt ein paar Mal wiegen.«

»Aber es geht auch, wenn man nur ein einziges Mal wiegt.«

»Nur einmal? Unmöglich!«, sagt Herr Speckbauch.

»Nichts ist unmöglich!«, ruft Bolle.

»Vor allem nicht, wenn man Mitglied der berühmten Schweinebande ist.«

»Na, das möchte ich sehen«, sagt der Mathelehrer. »Mit einmal wiegen schafft ihr das nie im Leben!«

**Bitte nachdenken vor dem Umblättern.
Die richtige Lösung steht auf Seite 116.**

Sind Sie eigentlich Radfahrer?«, fragt Bolle seinen Mathelehrer. »Dann hätte ich nämlich eine prima Frage für Sie.«

»Äh ... ja ... ich bin tatsächlich ... aber du versuchst nicht, mich von der Mathearbeit abzuhalten, oder?«

»Nein, klar nicht«, sagt Bolle und macht das Großes-Ehrenwort-Zeichen. »Mir fällt nur gerade eine super Fahrradaufgabe ein. Die Tour de France können Sie ja vergessen, aber bei der Schweinetour, da wird nicht gedopt. Also, die Aufgabe geht so: Zwei Fahrradfahrer, die 60 Kilometer voneinander entfernt sind, fahren gleichzeitig mit einer Geschwindigkeit von zehn

Stundenkilometern aufeinander zu. Als sie losfahren, startet ein Vogel bei dem einen Radfahrer und fliegt mit einer Geschwindigkeit von 25 Stundenkilometern zu dem anderen Radfahrer. Dort angekommen, wendet er und fliegt zu dem ersten zurück. Das wiederholt er so lange, bis die beiden Radfahrer sich treffen. Er fliegt also immer zwischen den beiden hin und her. Welche Gesamtstrecke hat der Vogel am Ende zurückgelegt?«

»Puh ...«, macht Herr Speckbauch. »Das klingt nach einer sehr komplizierten Aufgabe.«

»Aber man kann sie auch ganz einfach lösen«, sagt Bolle. »Man muss nur ein bisschen nachdenken.«

**Bitte nachdenken vor dem Umblättern.
Die richtige Lösung steht auf Seite 116.**

Also das hätte Herr Speckbauch auch einfacher haben können. Aber Mathematiklehrer sind umständliche Menschen. Der Lehrer hat zwar die richtige Lösung gefunden, aber mit einer komplizierten mathematischen Reihe, mit der er seinen Taschenrechner zum Qualmen gebracht hat. Einfacher denken ist immer schlauer.

Herr Speckbauch ist schon ganz schön erschöpft. Aber bloß kein Mitleid. Nur noch eine Viertelstunde!

James meldet sich: »Darf ich Ihnen eine kleine Frage zur Entspannung stellen, Herr Speckbauch?«

»Zur Entspannung? Ich bin erst wieder entspannt, wenn ich in meiner Badewanne liege. Na, meinetwegen.«

»Das ist eine Frage von meinem Onkel Hochrippe, der als Sprengmeister arbeitet. Eine gefährliche Arbeit.
Eines Tages musste er genau 45 Minuten abmessen, um rechtzeitig wegzulaufen, hatte aber keine Uhr dabei.
Aber er hatte zwei Zündschnüre, die beide jeweils genau eine Stunde brannten. Allerdings unregelmäßig, man konnte sie also nicht auseinanderschneiden um eine Viertelstunde abzumessen. Außerdem hatte Onkel Hochrippe nur Zündhölzer dabei. Trotzdem konnte er genau die Zeitspanne von 45 Minuten abmessen.
Kommen Sie darauf, wie er das gemacht hat?«
»Puh ...«, macht Herr Speckbauch, »... bei der Geschichte wird's mir ja noch heißer.«

Bitte nachdenken vor dem Umblättern.
Die richtige Lösung steht auf Seite 116.

Fast, Herr Speckbauch«, sagt James. »Aber wenn mein Onkel das so wie Sie gemacht hätte, wäre er in die Luft geflogen. Sie können froh sein, dass Mathelehrer kein so gefährlicher Beruf ist.«

»Aber Nerven kostet er auch«, sagt Herr Speckbauch, »und zwar ganz gewaltig!«

»Aber es ist nicht so schlimm, wenn man sich mal verrechnet«, sagt Hein. »Bei einer Sprengung kann da schon mehr passieren.«

»Oder wenn man die Länge von einem Bungee-Seil falsch ausrechnet«, sagt Bolle.

»Wenn ein Apotheker sich verzählt, kann es auch unangenehm werden.«

»Oder ein Pilot, der nicht rechnen kann und dem das Benzin ausgeht ...«

»... oder der sich verfliegt.«

Jedem in der Klasse fällt plötzlich etwas ein, was beweist, dass Mathematik ein ganz tolles, unglaublich wichtiges Fach ist. Herr Speckbauch wird misstrauisch.

»Wollt ihr mich eigentlich veräppeln?«, fragt er stirnrunzelnd, was bei einem Schwein sehr ulkig aussieht.

»Aber nein«, sagt Hein. »Wir wollten nur betonen, dass man Mathematik jeden Tag braucht und in jedem Beruf. Zum Beispiel als Gärtner ...«

»Ach?«, sagt Herr Speckbauch. »Blumen zählen, oder?«

»Nein. Wenn man etwa eine Allee pflanzen will. Nehmen wir mal an, eine 300 Meter lange Straße soll mit Fichten bepflanzt werden, und zwar in Abständen von je einem Meter. Wie viele kleine Fichtensetzlinge muss der Gärtner dann mitnehmen?«

Bitte nachdenken vor dem Umblättern. Die richtige Lösung steht auf Seite 116.

Rennfahrer müssen auch rechnen können!«, ruft James. Denn das ist sein großer Traum: Fahrer in der Schweineformel Eins zu werden und auf einem schnellen Mofa über die berühmte Schlammstrecke von Mozzarella zu brausen.

»Soso«, sagt Herr Speckbauch, »und ich dachte immer, Rennfahrer brauchen nur gute Augen und starke Oberarme.«

»Unsinn! Letztes Wochenende war die Qualifizierung für die Europameisterschaft im Schlammfahren. Und stellen Sie sich nur vor, was passiert ist!«

»Keine Ahnung«, sagt Herr Speckbauch und schaut auf die Uhr. Verflixt, das wird eng.

»Also, man musste zwei Qualifizierungsrunden fahren, insgesamt mit einer Durchschnittsgeschwindigkeit von 40 Stundenkilometern. Aber gleich am Anfang bekam ich so einen blöden Ast in die Speichen, und der hat mich so lange aufgehalten, dass ich nach der ersten Runde nur auf eine Durchschnittsgeschwindigkeit von 20 Stundenkilometern kam.«

»Na und?«, fragt Herr Speckbauch. »Das ist doch nicht schlimm. Da fährt man in der zweiten eben schneller.«

»Ich hab aber gleich aufgegeben«, sagt James.

»Das war etwas voreilig.«

»Wie schnell hätte ich in der zweiten Runde denn fahren müssen, damit ich auf einen Gesamtdurchschnitt von 40 Stundenkilometern gekommen wäre?«

»Moment mal, das kann ja nicht so schwer sein ...«, sagt Herr Speckbauch und holt den Taschenrechner heraus.

Die richtige Lösung steht auf Seite 117.

Herr Speckbauch schaut böse auf den Taschenrechner. Aber der war ja gar nicht schuld daran, dass er die letzte Aufgabe so vermasselt hat. Unvorstellbar eigentlich, dass man so schnell fahren kann wie man will – wenn man in der ersten Runde zu langsam fährt, kann man es in der zweiten nicht mehr ausgleichen.

Anne muss daran denken, dass sie ihre Sechser in Mathe so kurz vor den Zeugnissen auch nicht mehr ausgleichen kann. Da würde es sogar nichts helfen, wenn sie in der letzten Arbeit eine Eins bekäme.

Sie ist zwar schlecht in Mathematik, aber trotzdem ein kluges Schweinemädchen. Als sie gestern mit ihrem Vater beim Fischen war, konnte sie das beweisen.

Er nimmt immer einen Felsbrocken mit, den er – als Anker, an einer langen Leine befestigt – über Bord wirft. Es gibt jedesmal einen mächtigen Platsch, und Anne ist danach klatschnass. Irgendwann sinkt der Felsen auf den Grund, und über die Leine bleibt das Boot an Papas Lieblingsangelplatz stehen. Und weil es so langweilig ist, stundenlang neben dem Vater zu sitzen und immer den Schwimmer an der Angel zu beobachten (denn ihr Vater fängt meistens keinen einzigen Fisch) und nicht sprechen zu dürfen, weil Papa sonst immer »Schhht! Vergraul mir die Fische nicht!« sagt, hat sich Anne überlegt, was wohl mit dem Wasser im See passiert, wenn man aus einem Boot einen Stein hineinwirft. Steigt das Wasser, bleibt es gleich oder sinkt der Wasserstand gar? Ihr glaubt, das sei eine dumme Frage? Aber nein. Anne hat sie Herrn Speckbauch gestellt, und der musste ganz schön heftig nachdenken.

Die richtige Lösung steht auf Seite 117.

»Darauf wäre ich nie gekommen!«, sagt Hein bewundernd. »Anne, du bist ja wirklich ein schlaues Ferkel. Vielleicht sollten wir dich als Ehrenmitglied in die Schweinebande aufnehmen?«

Bolle und James nicken anerkennend. Sogar Herr Speckbauch ist beeindruckt. »Ich werde mir das mit deiner Mathematiknote noch einmal überlegen, Anne. Aber trotzdem sollten wir jetzt langsam ...«

»Ach, Herr Speckbauch«, sagt Bolle, »jetzt lohnt es sich doch nicht mehr. Die Stunde ist gleich um. Lassen Sie uns lieber noch ein paar Rätsel lösen. Ich weiß noch eines: Im Wilden Westen wurden drei Schweine von Indianern gefangen genommen und an drei Marterpfähle gefesselt. Die Pfähle standen in einer Reihe, und die Schweine waren so angebunden, dass das am letzten Marterpfahl die anderen zwei Schweine von hinten sehen konnte. Das an den mittleren Marterpfahl gefesselte Schwein konnte nur ein Schwein von hinten sehen. Das an den vorderen Marterpfahl gebundene Schwein konnte keinen seiner Mitgefangenen sehen. Der Häuptling nahm nun fünf Adlerfedern, drei schwarze und zwei weiße, in die Hand. Er zeigte den drei Schweinen die fünf Federn. Dann steckte er jedem der drei Gefangenen eine der Federn so hinters Ohr, dass die Farbe der Feder von hinten zwar zu sehen war, kein Schwein aber seine eigene Feder sehen konnte. Der Häuptling sagte nun: »Wenn eins von euch Schweinen herausfinden kann, welche Farbe die Feder hinter seinem Ohr hat, lasse ich euch alle frei. Aber ihr dürft nicht miteinander reden.« Lange Zeit schwiegen die Schweine. Dann sagte ein Schwein eine Farbe. Sie stimmte, und alle kamen frei. Welches Schwein löste das Rätsel, und welche Farbe hatte die Feder hinter seinem Ohr?«

Bitte nachdenken vor dem Umblättern.
Die richtige Lösung steht auf Seite 117.

Leider hat Herr Speckbauch falsch geraten. Zu dumm. Gut, dass nicht er an den Marterpfahl gefesselt war. Der Schweinebande fallen langsam keine Rätsel mehr ein. Herr Speckbauch zieht das Notenbuch aus der Tasche. Er kann ja wenigstens noch ein paar Schweine mündlich prüfen. Anne wird blass und macht Hein Schwein aufgeregt Zeichen, er soll sich ganz schnell was überlegen.

»Herr Speckbauch«, sagt Hein, »da fällt mir gerade noch etwas ein, was meinem Vater und seinen drei Brüdern gestern Nacht passiert ist. Interessiert Sie das?«

»Nein«, sagt Herr Speckbauch. »Denn es wird bestimmt nichts mit Mathematik zu tun haben.«

»Doch. Es war nämlich so: Sie haben Geburtstag gefeiert – mein Vater und seine Brüder sind nämlich am selben Tag auf die Welt gekommen – und ein paar Bier zu viel getrunken. Danach waren sie nicht mehr ganz sicher auf den Beinen. Um nach Hause zu kommen, mussten sie die alte Dorfbrücke überqueren, über die ja immer nur zwei Schweine auf einmal gehen können. Es war genau

Mitternacht, und die vier hatten nur eine Taschenlampe dabei. Der erste Bruder – der am wenigsten getrunken hatte – brauchte 5 Minuten, um die Brücke zu überqueren, der zweite 10 Minuten, der dritte 20 und der vierte 25. Einer musste immer wieder zurückgehen um dem Nächsten mit der Taschenlampe den Weg zu leuchten. Die vier hatten also nur eine Stunde Zeit, bis die Brücke geschlossen wurde. Wie konnten sie es schaffen, trotzdem alle rechtzeitig ins Dorf zu kommen?«

Bitte nachdenken vor dem Umblättern.
Die richtige Lösung steht auf Seite 118.

»Herr Speckbauch schummelt!«, ruft die Anne. »Dass der Letzte durch den Teich schwimmt, gilt nämlich nicht!«

»Man muss auch mal kreative Wege gehen«, sagt Herr Speckbauch. Aber er schämt sich schon ein wenig, dass er die Aufgabe nicht lösen konnte. »Die ersten beiden Schweine können ja in den Dorfteich leuchten, während sie über die Brücke gehen, und dann kann das dritte Schwein daneben herschwimmen – oder sie schwimmen gleich alle vier ...«

»Das geht aber nicht«, sagt Hein Schwein.

»Ach, wieso denn nicht? Kann dein Vater etwa nicht schwimmen?«

»Das kann er schon. Aber der Teich ist voller Seerosen. Da kann man nicht schwimmen.«

»Soso. Das ist mir neu.«

»Sie haben sich sehr schnell entwickelt, weil es so heiß war. Vor einer Woche waren es nur zwei. Seitdem haben sie sich jeden Tag verdoppelt. Nach einer Woche war der Teich bedeckt von Seerosen. Was meinen Sie, wann der Teich zu einem Viertel voller Seerosen war?«

»Das ist nicht schwer«, sagt Herr Speckbauch.

Bitte nachdenken vor dem Umblättern.
Die richtige Lösung steht auf Seite 118.

Na, seht ihr!«, sagt Herr Speckbauch stolz, denn er hat die Aufgabe richtig gelöst, »jetzt versteht ihr wohl, warum man Mathematik immer und überall braucht. Und Mathematik ist nicht nur Rechnen, nein, es ist auch logisches Denken und Geometrie und ...«

»Kann ich mit Mathematik auch meine Kette wieder reparieren?«, fragt Anne aus der letzten Bank. »Die hat mir Bolle nämlich heute morgen beim Raufen zerrissen. Schauen Sie nur ...«

Anne zeigt Herrn Speckbauch ihre silberne Lieblingskette, die mit den kleinen Glücksschweinchen daran. Sie ist in vier Teile zerrissen: Ein Teil besteht aus drei Kettengliedern, ein Teil aus vier Gliedern und zwei Teile bestehen aus fünf Gliedern. Alle Kettenglieder sind geschlossen. Um die Kette zu reparieren, muss man ein Glied aufbiegen, ein anderes einhängen und das Glied wieder schließen. Aber das ist ganz schön viel Arbeit.

»Wie viele Kettenglieder muss ich denn höchstens aufbiegen, damit meine Kette wieder ganz ist?«, fragt Anne.

»Na, das ist ja wirklich keine schwere Aufgabe. Du biegst von jedem Kettenteil ein Glied auf und verbindest es mit dem nächsten. Das sind also ... vier Glieder.«

»Aber es geht noch schneller«, ruft Hein Schwein. »Man muss gar nicht so viele Glieder aufbiegen.«

»Soso, Herr Neunmalklug«, sagt Herr Speckbauch, »ich glaube aber, dass du dich diesmal schwer täuschst.«

Bitte nachdenken vor dem Umblättern.
Die richtige Lösung steht auf Seite 118.

Also, das ist keine Mathematik, sondern ein doofer Mathetrick«, sagt Herr Speckbauch beleidigt. »Ob man eine Kette nun so oder anders zusammensetzt ... also wirklich!«

»Es ist nicht egal, ob man es so oder anders macht. Bei der Kette spart man was, aber bei meinem Onkel Rüssel wäre es ohne Mathematrick nicht gegangen«, sagt Hein.

»Was wäre nicht gegangen?«

»Der Vater von Onkel Rüssel hat ihm und seinen vier Kindern ein Stück Land und ein Haus vererbt. Das Haus steht in einem Viertel des Grundstücks. Ich zeichne es Ihnen mal an die Tafel«, sagt Hein. Er geht nach vorne, nimmt ein Stück Kreide und zeichnet. »Sehen Sie, es ist ein quadratisches Stück Land, und da steht das Haus. Dieses Viertel mit dem Haus sollte mein Onkel Rüssel bekommen. Den restlichen Grund sollten sich seine vier Kinder teilen. Aber jedes Kind sollte sowohl gleich viel Fläche an Land als auch die gleiche Form bekommen. Und wenn Onkel Rüssel keine Mathematricks gekannt hätte, wäre das nie gegangen.«

»Hm«, macht Herr Speckbauch und betrachtet die Zeichnung. »Ich nehme mal an, dass man das Land nur mit geraden Linien teilen darf?«

»Genau«, sagt Hein. »Und es ist gar kein doofer Mathetrick, sondern schweineschlau, wie mein Onkel das Problem gelöst hat.«

»Wenn es ein Schwein gelöst hat, kann ich es auch«, sagt Herr Speckbauch und fängt an zu denken.

Die richtige Lösung steht auf Seite 119.

»Nur noch zehn Minuten!«, sagt Herr Speckbauch. »Die Mathematikarbeit können wir vergessen. Aber ich werde noch ein paar von euch mündlich prüfen, vor allem die, die auf einer wackligen Vier stehen ...«

»Aber mich bitte nicht«, sagt Susanne. »Ich hab nämlich heute Geburtstag. Und da muss man nett sein zu kleinen Schweinen.«

»Soso. Gratuliere«, sagt Herr Speckbauch. »Dann nehmen wir eben die Anne.«

»Aber ich hab doch auch Geburtstag. Schließlich sind wir Zwillinge.«

Herr Speckbauch blättert in seinem Notenbuch. Aber bevor er auf Bolle stößt (der auf einer ganz schlechten Vier steht), fragt der schnell die Zwillinge: »Was habt ihr euch denn zum Geburtstag gewünscht?«

»Also, einig waren wir uns, dass wir zum Gokart-Fahren wollen«, sagt Anne, »und danach ins Kino. Aber da haben wir uns gestritten. Ich wollte "Schweine im Weltall" sehen ...«

»So ein Quatsch!«, sagt Susanne, »der ist doch total blöd! Wir gehen in “Miss Piggy und der Eber”. Das ist cool!«

»Und wie wollt ihr euch einigen?«, fragt Herr Speckbauch.

»Da hatte Papa schon eine Idee. Wir sollen mit den Gokarts um die Wette fahren. Wessen Gokart zuletzt ins Ziel kommt, der darf bestimmen, in welchen Film wir gehen.«

»Das ist vielleicht eine blöde Idee«, stöhnt Anne.

»Und ungerecht«, mault Susanne.

Stimmt gar nicht. Das geht ganz einfach. Nur wie?

Bitte nachdenken vor dem Umblättern.
Die richtige Lösung steht auf Seite 119

Eigentlich müssten wir eine kleine Party für Anne und Susanne geben«, sagt James. »Ausfragen lohnt sich ja jetzt doch nicht mehr. Die Stunde ist gleich rum. Was meint ihr?«

Alle finden, dass er recht hat, und Herr Speckbauch steckt endlich das Notenbuch ein. »Na gut, holt ein paar Flaschen Limo, damit wir anstoßen können«, sagt er. »Aber seid leise. Der Direktor und der Schulinspektor schleichen nämlich irgendwo im Haus herum.«

Zwei Minuten später kommt James mit 21 Flaschen Limo zurück, man schenkt aus und prostet sich zu, lässt Anne, Susanne und den wunderbaren Herrn Speckbauch hochleben, singt »Happy Birthday« ... als plötzlich die

Tür aufgeht und zwei Schweine in dunklen Anzügen auf der Schwelle stehen.

»Täusche ich mich, oder sollten Sie hier nicht Mathematik unterrichten, Herr Kollege?«, sagt das eine Schwein. Das andere schüttelt den Kopf und flüstert: »Unerhört.«

Herr Speckbauch ist bleich und starr wie Marmor und kriegt den Mund nicht auf. Hein Schwein rettet ihn.

»Das ist unser Mathematikunterricht. Und wir lernen gerade anschauliches Teilen. Kennen Sie das nicht?«

Der Direktor schüttelt den Kopf. Hein winkt Bolle und James zu sich und deutet auf die Limoflaschen, die auf dem Lehrerpult stehen. »Also, die Aufgabe geht so: Drei Schweine sollen 21 Flaschen, von denen sieben voll, sieben halbvoll und sieben leer sind, so untereinander teilen, dass jeder gleich viel Limo und gleich viele Flaschen bekommt.«

»Interessant«, sagt der Schulinspektor.

»Mal was Neues, Herr Kollege. Sehr modern.«

»Wissen Sie auch, wie man die Flaschen verteilen muss?«, fragt Hein die beiden scheinheilig.

Bitte nachdenken vor dem Umblättern.
Die richtige Lösung steht auf Seite 119.

Schön und gut«, sagt der Direktor, »das war eine interessante Frage, aber das ist doch keine Mathematik. Übt ihr denn nicht Rechnen?«

»Och, Rechnen ist doch sooo langweilig«, sagt Bolle.

»Zahlen sind sowas von uncool ...«, sagt James.

»Außerdem sind sie völlig unzuverlässig«, sagt Hein.

»Wie bitte?!«, ruft der Direktor. »Ausgerechnet du kleines Schweinchen erzählst mir was von unzuverlässig?«

»Ja. Sie werden doch bestimmt zugeben, dass eine Zahl immer dann kleiner wird, wenn man ihr vorne eine Ziffer wegnimmt.«

Herr Speckbauch hält lieber den Mund. Noch einmal will er sich von diesem Hein nicht reinlegen lassen. Vor allem nicht vor seinen Vorgesetzten. Aber die sind sich ganz sicher: Wenn man von einer Zahl die erste Ziffer wegnimmt, wird sie natürlich kleiner statt größer. Das ist doch ganz klar.

»Natürlich stimmt das, mein Junge. Ganz sicher!«

»Ich kenne aber Zahlen, die größer werden, wenn man die erste Ziffer wegnimmt.«

»Unsinn!«, sagt der Direktor.

»Das müssten wir doch wissen«, sagt der Schulinspektor.

Bitte nachdenken vor dem Umblättern.
Die richtige Lösung steht auf Seite 120.

Aha, ein Schlauberger!«, sagt der Direktor mit säuerlicher Miene, denn er hat noch weniger Humor als Herr Speckbauch. »Gratuliere, Herr Kollege, da haben Sie ja eine ganz feine Klasse. Sind es lauter Besserwisser?«

»Öhöm ... ja ... also ...«, sagt Herr Speckbauch und würde sich am liebsten in der Schublade seines Schreibtischs verkriechen. »Sie sind schon in Ordnung ... und schlau sind sie auch.«

»Dich kenn ich doch«, sagt der Direktor zu Hein Schwein, »du bist doch der Sohn von Sandra Schmalz. Die war nämlich als kleines Mädchen in meiner Klasse. Wie alt ist deine Mutter denn inzwischen?«

»Tja«, sagt Hein Schwein, »nachdem das eine Mathematikstunde ist, will ich mal so sagen: Ich bin zwölf Jahre alt und meine Schwester Anne zehn. In acht Jahren sind wir zusammen genauso alt, wie mein Vater war, als ich zur Welt kam. Meine Mutter ist übrigens vier Jahre jünger als mein Vater.«

»Soso«, sagt der Direktor, »sehr interessant. Aber ich

glaube nicht, dass ich dich danach gefragt habe.«

»Aber klar. Wenn man das alles weiß, kann man nämlich ausrechnen, wie alt meine Mutter heute ist. Oder nicht?«

»Mal sehen«, sagt der Direktor und greift zur Kreide. »Dann lasst uns mal das Alter von Heins Mutter ausrechnen ...«

»Wir haben auch noch einen Hund«, sagt Hein lässig, »einen echten Schweinehund. Dessen Alter kann man auch ausrechnen. Dafür zählt man die Jahre zusammen, die die männlichen Schweine in meiner Familie alt sind und zieht davon die Jahre der weiblichen Schweine ab.«

Die richtige Lösung steht auf Seite 120.

Jetzt mischt sich der Schulinspektor ein. »Kinder, aber wo bleibt die praktische Anwendung?«, ruft er. »Wir lernen doch nicht für die Schule, sondern für das Leben! Schließlich sind wir doch moderne Schweine.«

James meldet sich. »Wir können auch praktische Mathematik. Herr Speckbauch legt darauf größten Wert.«

Herr Speckbauch schaut James freundlich an.

»Gestern beim Baden konnte ich mal wieder praktische Mathematik anwenden. Und das ging so: Am Strand legten wir mit unseren Decken Plätze für alle Schweinekinder aus. Es waren Anne, Bolle, Hein und ich. Jedes Kind hatte eine quadratische Decke dabei. Weil der Wind

so stark wehte, legten wir auf die Ränder der Decken Holzstämme. 16 Stämme hatten wir gefunden, und das reichte gerade, so wie auf dieser Zeichnung.«

James malte sie schnell an die Tafel.

»Aber dann kam auch noch Susanne, und die wollte natürlich auch einen Platz für ihre Decke. Und sie sollte am Rand genauso befestigt sein wie unsere. Aber es waren eben nur 16 Balken da.«

»Naja«, sagt der Schulinspektor, »dann hat sie sich eben mit auf die Decke ihrer Schwester gelegt. Dafür braucht man keine Mathematik.«

»Doch. Wir haben nämlich einen Weg gefunden, wie alle fünf Decken an allen Rändern von den 16 Balken festgehalten werden.«

»Das glaub ich dir nicht ...«

»Das geht sogar ganz leicht«, sagt James. »Ich gebe Ihnen noch einen Tipp: Sie müssen nämlich nur zwei Balken umlegen.«

Übrigens: Mit einem Balken mehr könnte man sogar sechs Decken auf allen vier Seiten beschweren.

»Sehen Sie, Herr Kollege«, sagt Herr Speckbauch ganz begeistert, denn er hat die richtige Lösung gefunden, »das ist die praktische Anwendung. Das ist jetzt nämlich ganz modern, diese ... diese ...«

»... Mathematricks!«, ruft James.

»Richtig, Mathematricks. Eine neue Unterrichtsform an der Schweineschule.«

»Beeindruckend«, sagt der Schulinspektor.

»Haben Sie vielleicht noch ein Beispiel?«

Herr Speckbauch schaut die Schweinebande hilfesuchend an, denn ihm fällt keine Aufgabe ein.

»Haben Sie die Aufgabe mit der Landkarte vergessen, die Sie uns vorhin gestellt haben?«, fragt Hein Schwein und zwinkert ihm zu.

»Die war doch toll.«

»Stimmt«, sagt Herr Speckbauch. »Dann kannst du sie ja den Herren stellen.«

»Na gut.« Hein nimmt die Kreide und malt eine große Landkarte an die Tafel.

»Hier liegen ganz viele Länder nebeneinander, und damit man sie besser auseinanderhalten kann, malt man die verschiedenen Länder mit verschiedenen Farben aus. Wir haben gelbe Kreide und rote, blaue, grüne, violette, orange ... Aber wie viele Farben braucht man denn höchstens, damit nie zwei gleiche Farben an der Grenze nebeneinander liegen?«

Bitte nachdenken vor dem Umblättern.
Die richtige Lösung steht auf Seite 121.

Mathematricks«, sagt der Schulinspektor, »sollte man vielleicht an allen Schweineschulen im Land einführen. Schließlich wird es ja langsam Zeit für eine Schulreform.«

»Ganz Ihrer Meinung, Herr Kollege«, sagt der Direktor. »Geben Sie uns doch noch ein paar Beispiele, lieber Herr Speckbauch.«

»Das ...«, sagt Herr Speckbauch strahlend, »... können jetzt meine Schüler machen. Sie haben schon so viel von mir gelernt.«

James fängt an: »Zwischen zwei Pfählen ist eine zehn Meter lange Leine so aufgehängt, dass sie in der Mitte fünf Meter durchhängt. Welchen Abstand müssen die Pfähle haben?«

Hein stellt die zweite Aufgabe. »Eine Flasche kostet mit Korken sechs Euro. Die Flasche allein kostet schon fünf Euro mehr als der Korken. Wie viel kostet dann der Korken?«

»Halt, halt!«, ruft der Schulinspektor. »Nicht so schnell. Das muss man sich gut überlegen ...«

Bolle ist auch noch eine Aufgabe eingefallen. »Was ist mehr – sechs Dutzend Dutzende oder die Hälfte von einem Dutzend Dutzende?«

»Moment!«, ruft der Direktor. »Bei euch kommt man ja nicht zum Nachdenken. Ich brauche absolute Ruhe – sonst kann ich mich nicht konzentrieren.«

Der Direktor und der Schulinspektor kneifen beide die Augen zusammen und pressen die Pfoten an die Stirne, so als ob sie die Lösungen herausquetschen wollten. Das sieht sehr beeindruckend aus, und es wird ganz still in der Klasse.

Bitte nachdenken vor dem Umblättern.
Die richtige Lösung steht auf Seite 121.

Schade, schade!«, sagt Hein Schwein. »Aber alle drei Antworten waren falsch. Vielleicht sollten Sie noch etwas üben. Möchten Sie ein paar neue Mathematricks-Fragen hören?«

Und sofort ist in der Klasse die Hölle los. Anne schreit: »In welchem Monat mäht man Heu? Schon im Juni oder erst im Juli?«

Ihrer Schwester ist auch etwas eingefallen. »Wie kann man Wasser mit nur drei Buchstaben schreiben?«

Bolle sagt: »Ich kann Ihnen fünf aufeinanderfolgende Tage nennen, ohne auch nur einmal das Wort "Tag" zu benutzen!«

James sagt: »Neun Krähen sitzen auf einem Zaun. Ein Jäger schießt drei herunter. Wie viele bleiben sitzen?«

Hein ruft: »Wenn 27 Mathelehrer und 799 Schüler einen Ausflug machen und dabei 34 Kilometer ...«

»Aus! Schluss, aus, Ruhe!«, kreischt der Direktor. »Ich will keine Aufgaben mehr hören. Das wird mir alles zu viel. Diese Mathematricks sind noch nicht völlig ausgereift.«

»Ich bin ganz Ihrer Meinung, Herr Kollege«, sagt der

Schulinspektor. »Wir sollten langsam in die Mittagspause gehen. Die Stunde ist ja gleich aus. Ich möchte zum Schluss noch einen Blick in das Klassenbuch werfen.«

Herr Speckbauch wird blass. Im Klassenbuch steht ja, dass er heute eine Mathearbeit schreiben wollte. Was nun? Die Schweinebande kann auch nicht helfen.

»Das Klassenbuch, ja also ...« sagt Herr Speckbauch, »... das ist ... ähem ... verschwunden.«

Bitte nachdenken vor dem Umblättern.
Die richtige Lösung steht auf Seite 121.

Der Direktor tobt. »Das ist doch die Höhe!«, schreit er. »Jetzt ist sogar das Klassenbuch verschwunden. Wie schaffen Sie es eigentlich, in einem solchen Chaos zu unterrichten, Herr Kollege?«

»Ich schaffe es schon lange nicht mehr«, seufzt Herr Speckbauch erschöpft.

»Wer hat das Buch denn nun? Los Kinder, raus damit!«

»Das war natürlich wieder Bolle«, sagt James.

»James war's jedenfalls nicht«, sagt Hein.

»Du hast es selber versteckt, Hein!«, ruft Bolle.

»Ich verstecke nie etwas«, sagt Hein.

»So kommen wir nicht weiter«, sagt Hein zu Herrn Speckbauch. »Sie sollten uns wirklich helfen.«

»Na gut. Nur einer von den dreien hat die Wahrheit gesagt.« Und zu dem Direktor und dem Inspektor sagt er: »Jetzt müssten Sie eigentlich wissen, wer das Klassenbuch versteckt hat.«

Der Direktor und der Schulinspektor schauen sich überrascht an. Sie kneifen die Augen zusammen und denken so fest nach, bis ihre Köpfe wie Himbeeren aussehen. Es läutet, die Klasse springt auf, und alle rennen zur Tür hinaus. Im Vorbeilaufen flüstert Hein Schwein seinem Lehrer noch zu: »Das haben Sie großartig gemacht. Dafür dürfen Sie nächstes Mal auch Ihre Mathearbeit schreiben.«

»Hau bloß ab, Hein!«, stöhnt Herr Speckbauch und schleppt sich aus dem Klassenzimmer. Vorbei an seinen immer noch grübelnden Vorgesetzten. Er wird sich jetzt gleich in der Konditorei drei Nusskuchen und ein großes Tartufo bestellen. Und ganz in Gedanken schließt Herr Speckbauch hinter sich die Türe ab ...

Bitte nachdenken vor dem Umblättern.
Die richtige Lösung steht auf Seite 122.

MATHEMAtricks

Auflösungen

(Aufgabe von Seite 10) Und so geht es: Man legt zuerst die Zwei-Euro-Münze auf den Tisch, darauf die zwei Zehn-Cent-Münzen, und zwar so, dass sie sich in der Mitte des Zwei-Euro-Stücks berühren. Nun stellt man vorsichtig die beiden 50-Cent-Münzen darauf – und tatsächlich berühren sich die vier Münzen auf dem Zwei-Euro-Stück alle an den Rändern.

Da hilft es Heins Mathelehrer auch nicht, dass er sagt, es ginge nur, wenn der Tisch nicht wackelt und absolut gerade steht.

»Er ist eben ein schlechter Verlierer«, denkt Hein.

(Aufgabe von Seite 12)

Wahrscheinlich hast du den gleichen Fehler gemacht wie Bolle. Du hast gedacht: Wenn ich keine Schwestern und Brüder habe, muss das Kind meines Vaters ich selber sein. Das stimmt zwar, aber danach war nicht gefragt, sondern nach dem Mann auf dem Bild. Und wenn du »Kind meines Vaters« durch »ich« ersetzt, heißt es: Ich bin der Vater dieses Mannes. Dann weißt du auch, wer der Mann auf dem Bild ist: dein Kind nämlich.

(Aufgabe von Seite 14) James ist wirklich ein hinterlistiges kleines Schwein. Aber auf die einfachste Lösung kommt man ja oft am schwersten. Man muss natürlich nur den Badewannenstöpsel ziehen, dann kann das Wasser ablaufen. Und Herr Speckbauch ist ein schlechter Verlierer, denn er meint, dass damit das Wasser auf dem Badezimmerboden nicht ablaufen kann. »Egal«, sagt James. »Irgendwann wird die Mutter schon nach Hause kommen. Die Frage war doch nur, was das Schwein vor dem Ertrinken rettet.«

(Aufgabe von Seite 16) Herr Speckbauch hat es nicht herausbekommen. Dabei ist es gar nicht so schwer. Wenn immer ein Schwein, das lügt, neben einem sitzt, das die Wahrheit sagt, muss es eine gerade Anzahl Schweine sein. Anders geht es nicht, das kannst du gerne einmal ausprobieren. Also können es nicht neun Schweine sein, der Nachbar muss also die Wahrheit gesagt haben – und damit sind es zehn Schweine.

(Aufgabe von Seite 18) Doch, das kann man schon. Man muss nur daran denken (vielleicht macht man sich auch eine kleine Skizze dazu), dass 18 Schweine aus der Klasse beides können – schwimmen und tauchen –, und damit von 24 Schweinen insgesamt noch sechs übrig bleiben, die entweder das Eine oder das Andere können. Von den Nur-Schwimmern sind das drei (21 minus 18) und von den Nur-Tauchern zwei (20 minus 18), also zusammen fünf. Es bleibt also nur ein einziges Schweinchen übrig (18 + 5 = 23), das beides nicht kann, also weder schwimmen noch tauchen. Es kann also gar nichts und geht sofort unter, wenn es ins Wasser fällt. Und das war auch tatsächlich so: Lisbeth ging sofort unter wie ein Stein, als sie ins Becken fiel. Doch der tapfere Hein sprang hinterher und rettete sie.

(Aufgabe von Seite 20) Die Schweine im Dschungel-Camp waren schlau, schlauer jedenfalls als Herr Speckbauch. Sie füllten einfach Wasser in die Lampe. Öl und Wasser vermischen sich nicht, und Öl schwimmt auf Wasser, weil es leichter ist. Deshalb schwimmen auch die Fettaugen auf der Brühe. Das übrig gebliebene Petroleum schwamm also auf dem Wasser, der Docht konnte es wieder erreichen – und die Lampe brannte.

(Aufgabe von Seite 22) Das Wasser hob das ganze Schiff in die Höhe, und der Matrose musste keine einzige Sprosse höher steigen.

(Aufgabe von Seite 24) James hat wieder gewonnen. Er lief die 100 Meter in der Zeit, die Bolle für 95 Meter brauchte, weil Bolle ja beim ersten Lauf fünf Meter hinter ihm war, als James ins Ziel kam. Also sind die beiden beim zweiten Rennen fünf Meter vor dem Ziel auf gleicher Höhe – und weil James der Schnellere ist, hat er Bolle auf den letzten fünf Metern noch überholt.

(Aufgabe von Seite 26) Ein voll beladener Möbelwagen ist ziemlich schwer. Dadurch werden Reifen und Stoßdämpfer zusammengedrückt, so dass er tiefer liegt als unbeladen. Die paar Zentimeter waren es, die gereicht hatten, damit er beladen gerade noch unter der Einfahrt durchkam. Entladen wurde der Wagen höher und steckte fest. Was tun? Man könnte ihn wieder beschweren (das ganze Zeug aus dem zweiten Stock heruntertragen und wieder einladen), aber es geht auch anders. Die Möbelpacker ließen einfach etwas Luft aus den Reifen, bis der Wagen so niedrig war, dass er unter dem Tor hindurchpasste. Draußen pumpten sie die Reifen wieder auf.

(Aufgabe von Seite 28) Da hat uns Bolle schön an der Nase herumgeführt. Jeder – natürlich auch Herr Speckbauch – hatte gedacht, man müsste immer die Zahl, die Bolle genannt hatte, durch zwei teilen. Die Parole war aber in Wirklichkeit die Anzahl der Buchstaben, die jede Zahl hatte. Also war die richtige Antwort bei »Vierzehn« nicht Sieben sondern Acht. Gemein, aber sehr nützlich, wenn man selbst mal eine Geheimparole braucht.

(Aufgabe von Seite 30) Eine hinterlistige Frage, aber Herr Speckbauch hätte noch eine Stunde lang nachdenken können. Die Lösung ist eigentlich ganz einfach: Die beiden Schweine schauen nämlich von der selben Seite in die Röhre hinein.

(Aufgabe von Seite 32)
Nein, das ist gar keine gute Idee, wenn man diese Wette eingeht. Denn was passiert, wenn Herr Speckbauch Bolle fünf Euro schenkt?
Der gibt ihm keine zehn Euro zurück, sondern verliert lieber seine Wette. Und das kostet ihn nur einen Euro. Also hat Bolle elegant vier Euro verdient. Ein Trick, den man sich merken sollte.

(Aufgabe von Seite 34) Herr Speckbauch müsste es eigentlich gemerkt haben, dass Bolle und sein Bruder gerade heute Geburtstag haben. Denn wenn jemand an seinem letzten Geburtstag zwölf geworden ist und er am nächsten 14 wird, muss er eben heute Geburtstag haben – denn heute ist weder der letzte noch der nächste. Gratuliere, Bolle und James! Aber wir wissen auch, an welchem Tag Eleonore Geburtstag hat, das muss nämlich der 29. Februar sein. Diesen Tag gibt es nur alle vier Jahre, in einem Schaltjahr nämlich. In normalen Jahren hört der Februar mit dem 28. Tag auf. Geschenke wird Eleonore aber trotzdem jedes Jahr bekommen haben. Hoffentlich!

(Aufgabe von Seite 36) Das hat Herr Speckbauch doch gleich gemerkt. Man kann die Seite 122 nämlich nicht aus dem Mathebuch entfernen, ohne auch die Seite 121 mit heraus zu reißen. Denn beide sind auf dem selben Blatt Papier gedruckt.

(Aufgabe von Seite 38) Hast du dich auch an der Nase rumführen lassen? Ganz so knifflig ist die Frage nämlich nicht. Aber weil Bolle so viel von schwarzer Kleidung, Stromausfall und einem Auto mit ausgeschalteten Scheinwerfern erzählt hat, glaubte Herr Speckbauch, das hätte nachts stattgefunden. Es war aber heller Tag, der Fahrer des Autos sah die alte Schweineoma rechtzeitig und wich ihr einfach aus.

(Aufgabe von Seite 40) Das ist wirklich eine knifflige Aufgabe, aber das Schwein im Keller löst sie genial. Zuerst drückt es den ersten Schalter, wartet ein paar Minuten und schaltet ihn wieder ab. Dann macht es den zweiten Schalter an und geht nach oben. Wenn jetzt das Licht brennt, weiß es, dass der zweite Schalter der richtige ist. Wenn es aber nicht brennt, können es nur Schalter eins oder drei sein. Dann fasst das Schwein die Glühbirne an. Ist sie noch warm, dann war es Schalter eins, denn der hat die Lampe ein paar Minuten aufgeheizt – ist sie kalt, muss Schalter drei der richtige sein.

(Aufgabe von Seite 42) Diese Susanne! Natürlich muss die Geschichte von Bauer Wutz gelogen sein, denn wenn er tatsächlich mitten in seinem Traum gestorben wäre, hätte er auch keine Gelegenheit gehabt, seiner Frau zu erzählen, was er gerade geträumt hatte. Und Susanne hätte deshalb die Geschichte auch niemals erfahren können. Bauer Wutz lebt noch immer.

(Aufgabe von Seite 44) Leider wieder falsch, Herr Speckbauch. Natürlich konnte der Lehrer ausrechnen, dass eine 10.000 Kilometer lange Mauer von zwei Meter Breite und drei Meter Höhe 30.000.000.000 Kilo wiegen würde – aber das war ja gar nicht die Frage gewesen. Hein wollte nämlich wissen, um wie viel die Erde durch dieses Bauwerk schwerer werden würde.

Um kein einziges Gramm! Denn alles, was man mit dieser Mauer verbauen würde, war ja vorher schon auf der Erde.

(Aufgabe von Seite 46) Es gibt keinen einzigen Knoten. Das Durcheinander wird zu einem straffen Faden, wenn man an beiden Enden zieht. Mach es nach. Mit dem Trick kann man nicht nur Lehrer beeindrucken.

(Aufgabe von Seite 48) Wenn man das Abrutschen abzieht, schaffte Heins Onkel Rüssel also in der Stunde drei Meter. Nach fünf Stunden war er also 15 Meter hoch, und in der sechsten Stunde erreichte er endlich den Brunnenrand.

(Aufgabe von Seite 50) Wahrscheinlich ist der Mathelehrer doch kein Nachfahre des Ritters Hartmut von Speckbauch, sonst hätte er das eine Brett über eine Ecke des Wassergrabens gelegt, das andere darüber bis zur Ecke der Burg, wie man auf dieser Zeichnung sehen kann.

(Aufgabe von Seite 52) Tja, das mit Bauern und Pferden ... wo gibt es das denn noch? Wenn zum Beispiel ein Turm und ein Läufer dazu kommen? Genau, beim Schach. Der Bauer stand auf seinem Feld, wurde von einem Pferd geschlagen und verschwand vom Spielbrett.

(Aufgabe von Seite 54) James nimmt aus der Dose mit der Aufschrift **Schoko/Vanille** einen Keks. Denn darin können – weil der Inhalt aller Dosen vertauscht ist – keine gemischten sein, nur entweder Schokoladen- oder Vanillekekse. Wenn es ein Schokokeks ist, weiß er, dass in der Dose, auf der **Vanille** steht, die Schoko- und Vanillekekse liegen – und in der Dose, auf der **Schoko** steht, müssen also die Vanillekekse sein.

(Aufgabe von Seite 56) Die auf einem Würfel sich gegenüberliegenden Augen ergeben immer sieben. Also liegt der Eins die Sechs gegenüber, der Zwei die Fünf und so weiter. Wenn man nun oben eine Drei sieht, weiß man, gegenüber liegt eine Vier. Und die anderen verdeckten Würfelflächen sind auch ganz einfach auszurechnen: Vier Würfel sind verdeckt, also acht gegenüberliegende Seiten, macht zusammen 28, und die Vier vom oberen Würfel dazu – ergibt 32.

(Aufgabe von Seite 58) Da hat sich Herr Speckbauch leider reinlegen lassen. Die drei Schweine haben 27 Euro für ihr Essen bezahlt, das eigentlich nur 25 Euro gekostet hat. Die fehlenden zwei Euro hat der Ober behalten. Es fehlt also nichts.

(Aufgabe von Seite 60) Ein Paar Socken sind etwas anderes als zwei Socken in derselben Farbe. Es gibt nämlich linke und rechte. Also zieht man im schlimmsten Fall zuerst zwölf linke weiße und dann sechs linke schwarze aus dem Sack, und dann erst kommt eine Socke, mit der es ein Paar gibt. Man muss also 19-mal reingreifen, um ganz sicher ein Paar gleichfarbiger Socken zu haben.

(Aufgabe von Seite 62) Man kann zum Beispiel einen der Bauern fragen: »Würde Ihr Nebenmann "ja" sagen, wenn ich ihn fragen würde, ob der linke Weg nachhause führt?« Egal, welchen der beiden Bauern man fragt, man erhält bei der ersten Frage immer eine falsche Antwort, also muss man den anderen Weg nehmen als den empfohlenen. Es gibt aber auch noch andere Lösungen – die du dir selbst überlegen kannst.

(Aufgabe von Seite 64) Man nimmt eine Münze aus dem ersten Sack, zwei aus dem zweiten, und so weiter. Dann wiegt man diese Münzen. Sie müssten – wenn kein Falschgeld dabei ist – 150 Gramm wiegen. Aber die Münzen wiegen weniger. Wie viel weniger zeigt, in welchem Sack die falschen Münzen liegen. Wenn alle Münzen etwa 147 Gramm wiegen, muss es der dritte Sack sein (drei Gramm weniger).

(Aufgabe von Seite 66) Die beiden Radfahrer treffen sich nach drei Stunden. Da der Vogel in der Stunde 25 Kilometer fliegt, hat er bis dahin also 75 Kilometer zurückgelegt.

(Aufgabe von Seite 68) Er zündete die Zündschnüre an drei Enden gleichzeitig an. Nach 30 Minuten war die erste Zündschnur, die er an beiden Enden angezündet hatte, abgebrannt. Nun zündete er das vierte Ende an. Als die zweite Zündschnur abgebrannt war, waren genau 45 Minuten vergangen.

(Aufgabe von Seite 70) 301 Bäumchen hätte man gebraucht, wenn man die Straße nur auf einer Seite bepflanzt hätte, aber eine Allee hat nun mal auf jeder Straßenseite Bäume – also insgesamt 602.

(Aufgabe von Seite 72) James kann es nicht mehr schaffen. Denn wenn wir mal annehmen, dass eine Runde 20 Kilometer lang ist, dann braucht er für diese erste Runde eine Stunde. Nun kann er die zweite sogar in 100 Stundenkilometern fahren (was kein Mofa auf der Welt schafft), dann hätte er für beide Runden trotzdem 72 Minuten gebraucht (60+12 min.), und das ergibt eben nur einen Durchschnitt von 33,3 Stundenkilometern.

(Aufgabe von Seite 74) Das Gewicht eines schwimmenden Körpers entspricht dem des von ihm verdrängten Wasservolumens. Das klingt kompliziert, aber es geht auch einfacher: Der Felsbrocken drückt das Boot so tief ins Wasser, bis das Wasser, das er verdrängt, soviel wiegt wie der Fels. Fällt er aber ins Wasser, verdrängt er viel weniger, nämlich nur sein Volumen. Der Wasserstand im See sinkt also.

(Aufgabe von Seite 76) Hätte das hinterste Schwein zwei weiße Federn vor sich gesehen, hätte es gerufen: »Ich habe eine schwarze Feder hinterm Ohr!«

Also hat es mindestens eine schwarze Feder gesehen. Das weiß das mittlere Schwein. Würde das nun vor sich eine weiße Feder sehen, riefe es: »Ich habe eine schwarze Feder!« Da alle schweigen, weiß das vordere Schwein, dass es eine schwarze Feder haben muss. Es ruft: »Ich habe eine schwarze Feder!« Sie sind gerettet.

(Aufgabe von Seite 78) Zuerst müssen die beiden schnellsten Schweine miteinander gehen. Das 5-Minuten-Schwein geht zurück (jetzt sind 15 Minuten vorbei) und gibt die Taschenlampe den beiden langsamen, die zusammen die Brücke überqueren. Dann geht das 10-Minuten-Schwein zurück (jetzt sind 50 Minuten vorbei) und holt das schnellste Schwein ab. In 60 Minuten haben es alle vier Schweine geschafft!

(Aufgabe von Seite 80) Wenn sich die Seerosen jeden Tag verdoppeln und der Teich nach einer Woche voll ist, war er am Tag vorher halbvoll. Und noch einen Tag vorher zu einem Viertel voll. Also am fünften Tag.

(Aufgabe von Seite 82) Man öffnet die drei Kettenglieder des kürzesten Stückes und verbindet damit die restlichen drei Kettenteile.

(Aufgabe von Seite 84)

So hat Onkel Rüssel das Land aufgeteilt.

(Aufgabe von Seite 86) Ja, extra langsam fahren um zu gewinnen, das geht natürlich nicht. Da bleiben beide vor dem Ziel stehen. Aber wenn sie vor dem Start ihre Gokarts tauschen, dann geht es. Denn es hieß ja: Wessen Gokart als letzter ins Ziel kommt, der darf sich den Film aussuchen. Jetzt geben beide Vollgas!

(Aufgabe von Seite 88) Das erste Schwein kriegt zwei volle, drei halbe und zwei leere Flaschen, das zweite Schwein auch, und das dritte Schwein drei volle, eine halbe und drei leere Flaschen.

(Aufgabe von Seite 90) Es gibt tatsächlich Zahlen, die größer werden, wenn man die erste Ziffer wegnimmt, die römischen Zahlen nämlich. Etwa IX, das bedeutet neun, und wenn man das I wegnimmt, bedeutet es zehn. XC bedeutet 90, nimmt man das X weg, wird es zu 100.

(Aufgabe von Seite 92) Hein und seine Schwester Anne sind in acht Jahren 20 und 18. Das heißt, ihr Vater war bei Heins Geburt 38. Die Mutter war damals (vor 12 Jahren nämlich, als Hein zur Welt kam) also 34 – und 12 Jahre später ist sie 46. Der Vater ist heute 50. Der Hund der Familie Schwein ist sechs Jahre alt. Das errechnet sich so: Vater und Hein sind zusammen 50 + 12 Jahre alt = 62. Mutter und Anne sind zusammen 46 + 10 Jahre alt = 56. Zieht man das weibliche Alter vom männlichen ab (62 - 56), bleibt sechs übrig.

(Aufgabe von Seite 94)

So sieht die Lösung aus. Man kann das auch mit Streichhölzern auslegen und mit seinen Eltern darum wetten, dass sie es nicht unter einer Minute rauskriegen.

(Aufgabe von Seite 96) Es sind tatsächlich nur vier Farben notwendig. Ihr könnt euch jede noch so komplizierte Karte ausdenken, trotzdem werden nie die selben zwei Farben nebeneinander liegen.

(Aufgaben von Seite 98) 1. Die Pfosten berühren sich, sonst kann die Leine nicht bis zum Boden hängen.
2. Die Flasche allein kostet 5 Euro **und** den Preis eines Korkens. Der Preis der Flasche **mit** Korken enthält also zweimal den Preis des Korkens. Man muss daher die Differenz von 6 und 5 Euro halbieren. Der Korken kostet 50 Cent.
3. Sechs Dutzend Dutzende sind 6 x 144 = 864 und die Hälfte von einem Dutzend Dutzende ist sechs mal ein Dutzend = 72 .

(Aufgaben von Seite 100) 1. Heu mäht man nicht, man mäht nur Gras.
2. Man könnte es zum Beispiel als »Eis« schreiben.
3. Die fünf Tage heißen: vorgestern, gestern, heute, morgen und übermorgen.
4. Wenn geschossen wird, fliegen alle Vögel fort.

(Aufgabe von Seite 102) Herr Speckbauch hat das Klassenbuch versteckt. Aber wieso er? Na, er wollte nicht, dass der Direktor und der Schulinspektor darin lesen, dass er heute eigentlich eine Mathearbeit schreiben sollte. Aber wie war Hein dahintergekommen? Nun, drei Schweine haben gesprochen: Bolle, James und Hein. Wenn zwei gelogen haben, muss einer die Wahrheit gesagt haben. Aber wer?

Wenn nur Bolle die Wahrheit gesagt hätte, würden James und Hein lügen. Dann hätten aber Hein und James das Buch versteckt. (»James war's jedenfalls nicht«, sagt Hein.)

Wenn nur James die Wahrheit gesagt hätte, wäre es Bolle, was aber nicht geht, weil dann Heins Behauptung »James war's jedenfalls nicht« falsch wäre. Geht also auch nicht.

Wenn nur Hein die Wahrheit gesagt hätte, könnten weder er, noch Bolle und James das Buch versteckt haben. Also bleibt nur Herr Speckbauch übrig – der ja auch seltsamerweise gewusst hat, wie viele seiner Schüler die Wahrheit gesagt haben.

Inhalt

Robert Griesbeck hat sich diese Schweinegeschichte ausgedacht. Wenn er sich gerade keine Rätsel ausdenkt, liegt er faul in der Sonne, badet im See oder ärgert seine Kinder. Zum Geldverdienen schreibt er Romane und Sachbücher. Und nach diesem Buch isst er bestimmt kein Schweinefleisch mehr.

Nils Fliegner kann alles malen, vom Affen bis zum Zebra. Und besonders gut kann er Schweine. Deswegen hat er auch genau einhundertsiebenundfünfzig für dieses Buch gemalt (zählt nach!). Als Bewohner der Stadt Hamburg isst er am liebsten Fischstäbchen – aber frisch gefangen müssen sie sein.